Abb. 13. Ba Issa, ein Bolaro.

Abb. 14. Djauro Kofa.

Die Geschichte Adamauas

nach mündlichen Überlieferungen

Von Hauptmann **Kurt Strümpell**

Ehemaligem Kaiserlichen Residenten von Adamaua

Mit 15 Original-Abbildungen auf 10 Tafeln

Sonderabzug aus Mitteilungen der Geographischen Gesellschaft in Hamburg Bd. XXVI, Heft 1.

Hamburg

L. Friederichsen & Co.

1912

Inhalt.

	Seite
Vorwort	49
I. Herkunft der Fulbe	51
II. Die Wanderzüge	54
III. Die Eroberung	56
IV. Yola	70
V. Die Adamaua-Staaten	77
A. Staaten der Wollarbe	77
B. Staaten der Jillaga	89
C. Die Staaten der Badaua und Gara	102
VI. Anmerkungen	106

Abbildungen.

13. Ba Issa, ein Bolaro } Tafel 7.
14. Djauro Kofa
15. Der Agia Barkindu von Gárua, ein Tengelin, und der Dolmetscher Schischua, ein Halbaraber } Tafel 8.
16. Ein Leibwächter des Lámido Gárua, zugleich Henker
17. Bororo-Fulbe } Tafel 9.
18. Bororo-Weiber
19. Fulbe-Weib aus Kalfu } Tafel 10.
20. Fulbe-Weib aus Gárua
21a. Lámido Buba von Gárua. } Tafel 11
21b. Djauro Salihu von Demssa
22. Kaigamma Gárua
23. Lámido Madagali in Wandeï im Mandara-Gebirge. Tafel 12.
24. Musikbande des Lámido Sadu von Mendiff. Tafel 13.
25. Lámido Halidu von Binder mit seiner Leibwache. Tafel 14.
26. Fulbe aus Gárua und Márua; rechts der wegen politischer Umtriebe verbannte Wadjiri Bello des verstorbenen Lámido Sali von Márua. Tafel 15.
27. Wanderpriester der Senussi mit seinen, nur mit Fellen bekleideten Schülern. Aufgegriffen in Márua im Oktober 1909 wegen politischer Umtriebe in Adamaua. Tafel 16.

} Original-Photographien von Kurt Strümpell.

Abb. 15. Der Agia Barkindu von Gárua, ein Tengelin und der Dolmetscher Schischua, ein Halbaraber.

Abb. 16. Ein Leibwächter des Lámido Gárua, zugleich Henker (Dogari, ful.).

Vorwort!

Zu Beginn meiner Tätigkeit als Resident von Adamaua hatte ich mich häufig mit Fulbe über die Vergangenheit ihres Stammes und die Geschichte ihres Landes unterhalten. Fast überall stieß ich auf Unwissenheit, besonders unter dem jüngeren Geschlechte; nur wenige Alte wußten von den Taten ihrer Väter zu erzählen. Schriftliche Aufzeichnungen, die mehr enthielten als Stammbäume, fanden sich nicht mehr. Ein Schua Araber soll einst die Geschichte des Modibo Adama, des Helden Adamauas, geschrieben haben. Auf der Pilgerfahrt nach Mekka ist er verschollen und mit ihm das wichtige Dokument.

So lag die Gefahr vor, daß die Entstehung eines der interessantesten neuen Sudanreiche, dessen größter Teil unserem Schutzgebiet Kamerun angehört, allmählich in Vergessenheit geriet. Je mehr ich mich in die Geschichte Adamauas vertiefte, um so würdiger erschien sie mir einer Aufzeichnung. Ich schrieb mir daher auf, was Fulbe und Heiden, Kanuri, Haussah oder Schua mir auf der Terasse meines Hauses in Gárua erzählten, auf Märschen, in Dörfern und am nächtlichen Lagerfeuer. Die Machthaber Adamauas schickten mir schriftliche Aufzeichnungen; mündliche Erzählungen alter Schriftgelehrter ergänzten sie. Die meisten Angaben verdanke ich indes meinem alten Freunde Ba Issa (Abb. 13), einem Bolaro reiner Abstammung, der sich trotz seinem hohen Alter — den Modibo kannte er noch von Angesicht — nicht scheute, mich auf den für ihn oft recht anstrengenden Reisen zu begleiten, um seine eigenen so reichen Kenntnisse zu meinem Nutzen zu vertiefen. Nächst ihm möchte ich dem treuen Agia Barkindu von Gárua, aus einem Häuptlingsgeschlechte der Tengelin gebürtig, und meinem Dolmetscher Schischua, einem Halbaraber (Abb. 15), besonders für ihre Mitarbeit danken. Waren sie es doch, die mir die Erzählungen meist übersetzten. Manche wertvolle Mitteilung erhielt ich auch von den Oberleutnants Dühring und von Engelbrechten, damals Führer der Residentur-Posten Binder und Golombe, und soweit der Militärbezirk Banjo in Frage kommt, durch Oberleutnant Kirch.

Es ist selbstverständlich, daß eine Geschichte, die sich fast ausschließlich auf mündliche Überlieferungen Eingeborner aufbaut, keinen Anspruch auf unbedingte Zuverlässigkeit haben kann. Wenn ich mich auch bemüht habe, die sich oft widersprechenden Angaben meiner Gewährsmänner möglichst in Einklang miteinander zu bringen, oder sie auf Grund bereits veröffentlichter Forschungsergebnisse zu berichtigen, so werden doch weitere Forschungen manche Unrichtigkeit meiner Darstellung aufdecken.

Aus der vorhandenen Literatur habe ich als Quellen benutzt: Barth, Flegel, Passarge, Marquardsen.

Ehrenbreitstein, im November 1911.

Kurt Strümpell.

I. Herkunft der Fulbe.

Der greise Alkali Muktaru von Ngaundere, einer der wenigen noch lebenden Schüler des von Flegel als „hochgelehrten und im ganzen Sokoto angesehenen Mann“ bezeichneten Malum Abdulahi, Wasiri von Jola, erzählt:

„Der Prophet Mahaman entsandte mit dem Omaru den Ukba nach Westen, um im heidnischen Reiche Malle (Melle) den reinen Gottesglauben zu predigen. Der Herrscher des Landes gab seine Tochter Badjumanga dem Ukba zur Frau, die ihrem Manne vier Söhne und sechs Töchter gebar. Sehnsucht trieb später Ukba nach Mekka zurück, sein Weib und seine Kinder ließ er jedoch unter Obhut eines vertrauten Sklaven, dem er die Freiheit geschenkt hatte, in Malle.

Das Geschlecht des Ukba vermehrte sich durch Gottes Segen; so ist er der Stammvater der Fulbe.

Übervölkerung zwang später einem Teile der Fulbe den Wanderstab in die Hand. Wajo und Rendi, in unmittelbarer Linie Abkömmlinge des Ukba, zogen mit ihren Sippen ostwärts und drangen nach langen Wanderungen in das heutige Adamaua. Wollarbe und Jillaga nannten sich ihre Geschlechter, deren Häupter die heutigen Familien Ngaundere und Rei darstellen. Diesen gebührt daher auch der Vorrang unter allen Familien Adamauas.

Badjumanga, die Stammutter der Fulbe, hatte ihrem zweiten Manne, dem einstigen Sklaven des Ukba, noch fünf Söhne geboren; sie sind die Väter unechter Fulbesippen.“

Diese Erzählung bestätigt der Ardo Buba Jamoa von Rei, fügt indes hinzu, daß seinem Hause der Vorrang vor Ngaundere gebühre, denn in seiner Familie habe sich eine der Heertrommeln Ukbas vererbt, die dieser von Mekka nach Malle gebracht habe. Auch bei den Wanderzügen der Fulbe von Malle nach Adamaua sei sie den Jillagas verblieben. Bis zu der Zeit, da der Ardo Jajo im Mandara-Gebirge östlich Mubi seine Herden weidete. Noch zu Lebzeiten des Greises sei unter seinen sechs Söhnen Streit um die Erbschaft der Trommel — Tumbal sardi nennt sie der Fulbe — entstanden. Um diesem vorzubeugen und seinem ältesten Sohne Bondi la Malle das kostbare Erbstück und damit die Nachfolge in der Herrschaft des Stammes zu sichern, habe Jajo nachts die Trommel in einer Gebirgshöhle geborgen. Mit einem Steine habe er die Lage gekennzeichnet und kurz vor seinem Tode dem Bondi das Geheimnis anvertraut. Als dieser nun die Trommel bergen wollte, habe er die Höhle nicht gefunden. Eine Gazelle hatte mit flüchtigem Lauf den Stein in die Tiefe gestoßen. Er fiel auf die Trommel, dumpf hallte ihr Fell. Nie ward sie mehr gesehen. Nur die Wanderer, die nachts das Gebirge durchziehen, schreckt wohl ihr dumpfer Laut.

Als Ersatz ließ Bondi aus gewaltigem Stamme eine neue Trommel schnitzen, die völlig der geheiligten glich; auch ihr Name war tumbal sardi. Ihr dumpfer Schall, der begleitet wird von dem Dröhnen einer zweiten, von Buba Njidda, dem Großvater des jetzigen Ardo hergestellten, kündigt noch heute das Nahen des mächtigen Ardo Rei an, begleitet die Lieder der Männer und Weiber beim Tanz und begeistert die Krieger im blutigen Kampf.

Die wenigen geschichtlichen Angaben, die wir über die Herkunft der Fulbe besitzen, sprechen nicht von Ukba, auch nicht von Wajo und Rendi, den Stammvätern der beiden großen Familien der Adamaua-Fulbe. Dagegen heißt es, daß im 13. Jahrhundert zwei geistliche Häupter der Fulbe von Melle an den Hof des Bornukönigs Buri gesandt seien. Vielleicht knüpft hieran die Erinnerung an den Auszug aus Melle. Aus der Regierungszeit des Bornukönigs Dala (1564—1570) wird berichtet, daß sich Fulbe in Bornu angesiedelt hätten; auch aus Baghirmi wird die Ansiedlung von Fulbe im 16. und 17. Jahrhundert gemeldet. Im übrigen ruht Dunkelheit über dieser Wanderzeit der Fulbe; erst im 18. Jahrhundert lichtet sich diese. Sippenweise sind wohl damals die Fulbe aus Melle ostwärts gezogen und haben so das südöstlichste Bornu erreicht und die südlich desselben liegenden Marghi- und Batta-Heidenländer. Einzelne Sippen sind dorthin über Bautschi gelangt. Nicht kriegerischer Drang trieb sie aus ihren Wohnstätten; für ihre Buckelrinderherden suchten sie Weide, und wo sie diese fanden, ließen sie sich nieder. Der kriegerische Geist, der sie später zu großen Taten und zur Eroberung eines weiten Gebietes begeisterte, schlummerte. Willig fügten sie sich noch den Herren des Landes, mochten diese den Propheten aner-

Abb. 17. Bororo-Fulbe.

Abb. 18. Bororo-Weiber.

kennen oder heidnische Sitten pflegen. Wie gering damals ihr Selbstgefühl ausgeprägt war, beweist die Tatsache, daß den heidnischen Häuptlingen des heutigen Adamaua widerstandslos das „jus primae noctis“ von den Fulbe eingeräumt wurde. Erst als die Sendboten des Schëu Usmanu [1]) und des Modibo Adama [2]) zum Kampfe gegen die Heiden riefen, wurde das Entwürdigende einer solchen Sitte eingesehen. Daß sie von den Glaubenssätzen des Islam tief durchdrungen waren, erscheint daher aus diesem Grunde recht zweifelhaft; wohl mochte es Schriftgelehrte und Kenner des Gesetzes geben, wohl errichtete man mattenumzäunte Betplätze, aus denen das Lob Gottes gen Himmel drang, doch der großen Menge des Volkes war die Lehre Mohammeds unbekannt; mechanisch lag sie den Gebetsübungen ob.

Vereinzelt trifft man noch heute Fulbe, die nach Art ihrer Väter das Mandara-Gebirge mit ihren Rindern durchschweifen und gut Freund mit den Heiden sind; mit ihnen rauchen sie und trinken sie, die Lehre Mohammeds ist ihnen aber fremd. Sie legen also noch heute Zeugnis ab von dem Geiste, der einst ihre nomadisierenden Vorfahren beseelte. In höherem Maße tun dies jedoch die Bororo-Fulbe, die immer noch nomadisierend Adamaua und die angrenzenden Gebiete durchwandern und erst jetzt unter dem Druck europäischer Herrschaft beginnen, seßhaft zu werden. Ihnen, die nicht gleichen Stammes wie die Adamaua-Fulbe sind, allem Anscheine auch erst später aus Bornu nach Adamaua wanderten, werfen noch heute die Fulbe vor, daß sie heidnische Gesinnung und Sitte pflegten. So heißt es, die Bororo-Frau gebe willig dem Jüngling ihre Tochter zum Weibe, dem es gelinge, beim nächtlichen Tanz das Mädchen zu zwingen. Und Bororo-Männer böten guten Freunden ihre Weiber zur Lagergenossin an, damit diese Kinder zeugten, auf die sich Äußeres und Charakteranlagen des Freundes vererbe [3]) (Abb. 17 u. 18).

Auch äußerlich gleichen wohl die Bororo den Fulbe der Zeit der ersten Einwanderung in Adamaua. Unter ihnen findet man noch häufig die schlanken sehnigen Gestalten mittlerer Größe und heller Farbe, die trockenen Gesichter mit scharf gebogenen Nasen und dünnen Lippen, Erscheinungen, wie sie unter den Fulbe, vor allem der Geschlechter und in den größeren Ortschaften, seltener geworden sind. Schon frühzeitig hat wohl in Adamaua die Blutvermischung zwischen den einwandernden Fulben und den heidnischen Bewohnern des Landes stattgefunden, da immer wieder berichtet wird, daß Fulbeführer die

---

Anmerkungen siehe am Schlusse der Abhandlung.

Töchter der Landesherren freiten. Beschleunigt wurde sie durch die Sklavenwirtschaft nach der Eroberung des Landes. Da der Hauptanteil der Beute den Großen zuteil wurde, ist es natürlich, daß die Blutvermischung unter deren Geschlechter am weitesten vorschritt.

II. Die Wanderungen.

Wie erwähnt, soll schon frühzeitig die Auswanderung einzelner Sippen der Fulbe aus ihren einstigen Wohnplätzen am Senegal und Niger nach Osten stattgefunden haben. Teile der Auswanderer wandten sich, als sie die westlichen Tschadsee-Gebiete erreicht hatten, nach Südosten, überschritten den Logone und Schari und weideten in Baghirmi. Die Hauptmasse schob sich jedoch vom Tschadsee nach Süden und drang dem Bett des Jadseram aufwärts folgend, in die Marghi- und Batta-Wälder ein. Wohl nicht in großen Scharen, sondern familienweise derart, daß Nachdrängende die Vorausgezogenen mehr und mehr nach Süden schoben, so allmählich den Lauf des Benue erreichend. Auf Fulfulde heißt der Süden „Fumbina" und so wurde im Laufe der Jahre kurzweg das Gebiet genannt, das die Hauptmasse der Einwanderer aufnahm. Später verdichtete sich der Name zu der Vorstellung eines großen Heidenreiches, das am oberen Benue bestanden habe und von den Fulbe zertrümmert sei. Kokumi sei die Hauptstadt dieses Reiches Fumbina gewesen. In der Tat war das am Südufer des Benue zwischen Yola und Gárua gelegene Dorf nur der Sitz eines der zahlreichen Heidenhäuptlinge gewesen, dessen Einfluß über die Grenze seines Besitzes nicht hinaus reichte. Battaheiden waren die Bewohner. Ein großes Reich Fumbina bestand nicht; die ganze, heute mit Adamaua bezeichnete Landschaft umfaßte eine große Zahl kleiner Heidenherrschaften, deren Bewohner verschiedenen Sudanstämmen angehörten. die einst vielleicht ihrerseits Bantuvölker[4]) nach Westen gedrängt hatten.

Unter den nach Süden ziehenden Fulbe traten zwei Sippen hervor: die Wollarbe (Bolaro sing.) und Jillaga (Jillagadjo sing.). Den Wollarbe unmittelbar verwandt erscheint die kleine Sippe der Ba, aus der der größte Adamaua Fulbe, der Modibo-Adama entsproß. Ob den Wollarbe auch die Fulbe Baewue, oder wie sie sich nach

Mitt. d. Geogr. Ges. i. H. Bd. XXVI, Taf. 10.

Abb. 19. Fulbe-Weib aus Kalfu.

Abb. 20. Fulbe-Weib aus Gárua.

späteren Wohnsitzen nannten: Fulbe Sugur oder Bamle, verwandt sind, habe ich nicht feststellen können. Ich erwähne sie als selbständige Sippe. Als solche möchte ich auch die Badaua und Gara betrachten; letztere sollen den Teilen der Fulbe verwandt sein, die über den Schari nach Baghirmi einwanderten.

Die Einwanderung der Wollarbe, Jillaga und Baewue erfolgte westlich des Mandara-Gebirges, während die Badaua und Gara östlich das Gebirge umzogen, im Gebiete des Sultans von Mandara weideten und schließlich in dem Lande der Gisiga-Heiden bei deren Hauptstadt Marba (Marua) sich ansiedelten. Es scheint, daß die Wollarbe den Jillaga vorauszogen. Am Jadseram zogen sie im Lande der Marghi entlang, überschritten die Wasserscheide zwischen diesem Fluß und dem Benue und folgten den Zuflüssen des letzteren, um sich schließlich an dem Strome selbst im Lande der Battaheiden niederzulassen. So fanden die nachfolgenden Jillaga das weidenreiche Land nördlich des Benue bis etwa in Höhe von Mubi besetzt und wandten sich daher bei Mubi ostwärts in das Gebirge, ließen sich zum Teil unter den Falli-Heiden nieder, traten jedoch mit ihrer Hauptmasse durch die Pässe westlich Libe aus dem Gebirge und folgten nun dem Laufe des Mao Lue aufwärts. Bei Gasaua weideten sie lange Zeit im Lande der Gisiga-Heiden. Zwistigkeiten zwischen den gleichfalls von den Gisiga aufgenommenen Badaua zwangen die Jillaga nach Osten zu wandern, bis sie in das Land der Binder-Heiden kamen. Nun zogen sie südlich über den Tuburi und weideten unter den Mundang. Teile von ihnen blieben jedoch schon vorher unter den Sumeia-Heiden im Mendiff-Lande zurück. Das Haupt der Jillaga, der Ardo Bondi la Malle, zog nach Westen und ließ sich bei den Mundang von Lame nieder.

Zu den Jillaga waren in Lara im Binder-Lande Teile der Fulbe gestoßen, die einst nach Baghirmi gewandert waren. Von hier hatte sie der Sultan von Baghirmi verjagt. Sie überschritten daher den Schari und Logone bei Logone-Birni und wandten sich dann nach Süden. Ihr Haupt der Modibo Ahi versuchte, in Lara die Jillaga zu überreden, ihn nach Baghirmi zu begleiten. Als ihm dieses mißglückte, kehrte er allein mit seiner Sippe zurück, fiel jedoch bald im Kampfe gegen die Baghirmi. Seine Abteilung kehrte abermals über den Schari und Logone zurück, um in Kalfu östlich Márua festen Fuß zu fassen. Die Sippe der Baewue schließlich weidete bei Disa im Marghi-Lande an den nordwestlichen Ausläufern des Mandara-Gebirges. Ob sie gleich den Wollarbe und Jillaga von Norden den Jadseram aufwärts gezogen oder vom Gongola ostwärts gewandert ist, habe ich nicht mit Sicherheit festgestellt. Einige Gewährsleute behaupten, im Lande der Babir-Heiden hätten die Baewue sich lange aufgehalten und daher auch den Namen „Bamle" angenommen, der etwa bedeutet, „die Fulbe, die bei Heiden lange gewohnt haben." Von Babir seien sie über den Gongola nach Osten gewandert, hätten bei Disa ihre Herden getrieben, von wo sie eine durch Fliegen hervorgerufene Viehseuche auf den Kamm des Mandara-Gebirges nach Sugur getrieben habe. Seit dieser Zeit wurde diese Abteilung der Fulbe auch „Fulbe Sugur" genannt.

So ist zu Beginn des neunzehnten Jahrhunderts das heutige Adamaua nördlich des Benue mit einem Netz von Fulbe-Siedlungen überspannt. Wo in den Niederungen gute Weide den zahlreichen Herden und den Pferden Nahrung bot, saßen Fulbe. Noch unter der Herrschaft heidnischer Fürsten. Doch regte sich bereits jetzt mancherorts der Unabhängigkeitsdrang, der noch heute den Fulbe auszeichnet. An einzelnen Orten war es bereits zu offenen Kämpfen gekommen. Kluges Verhalten der Fulbefürsten, vor allem Heiraten mit Töchtern heidnischer Machthaber hatte Manchem schon politischen Einfluß verschafft. Auch in den Massen gährte es; als unwürdig empfand man es z. B. schon, Heiden das „jus primae noctis" zugestehen zu müssen. Mancher Fulbe soll damals dem Heiden, der sein Weib forderte, den Dolch in die Brust gestoßen und so Anlaß zu Kämpfen zwischen Fulbe und Heiden gegeben haben.

Um das so glimmende Feuer zu hell loderndem Brande anzufachen, bedurfte es nur eines Hauches. Im Westen erhob sich der Sturm. Schëu Usmanu, wie ihn die Adamaua-Fulbe preisen, Othman dan Fodïe, hatte die heilige Fahne entfaltet und die Fulbe zum Kampfe gegen Rechtgläubige, doch dem Glauben entfremdete, und heidnische Unterdrücker aufgerufen. Und im Modibo Adama, dem Sprößling der kleinen Sippe der Ba, fand sich der Mann, der die östliche Fulbe zum Siege führte.

III. Die Eroberung.

Die ersten Kriegszüge von Fulbe nach Adamaua, die vor der Eroberung des Landes stattfanden, sind in tiefes Dunkel gehüllt. Muffu-Heiden erzählen, daß weit vor der Zeit der Einwanderung der

Fulbe ein Krieger dieses Stammes, Samba Sambabu, nach seinem Heimatsorte „Damaturu" genannt, in das Muffu-Land eingedrungen sei und große Verheerungen angerichtet habe. Weiteres über diesen Kriegszug ist mir nicht bekannt geworden. Ob er tatsächlich von einem Fulbe ausgeführt ist, oder ob eine Verwechselung mit einem der zahlreichen Kriegszüge der Bornu-Könige vorliegt, ist daher auch nicht zu entscheiden. So erzählen z. B. die an den westlichen Hängen des Mandara-Gebirges heute ansässigen Tilli-Heiden, vor fünf Generationen etwa habe ein Bornu-Krieger Sutumo die Futu-Tilli-Dido- und Basa-Heiden bekriegt. Er habe über Feuerwaffen verfügt.

Auch über den Zug eines Fulbe Bautschi-Gordi, der der eigentlichen Eroberung des Landes vorausgegangen sein soll, ist nicht völlige Klarheit zu gewinnen. Die Angaben einiger Gewährsleute berechtigen jedoch zu der Annahme, daß er eine Abteilung der gegen Bornu ausgesandten Heere des Schëu Usmanu führte, so daß sein Zug nach Adamaua zu Beginn des neunzehnten Jahrhunderts stattgefunden hat. Bei Kofa überschritt Bautschi-Gordi den Jadseram, verwandelte die Dörfer der Marghi von Gullak und Duhu in rauchende Trümmerhaufen und zerstörte sodann die Dörfer der Moda-Mitschiga- und Basa-Heiden. Sein Versuch in dem engen, für Pferde fast unzugänglichen Tale des Mao Sanscho vorzudringen, wurde von den Heiden indes vereitelt. so daß er den Versuch aufgab, hier den Rand des Gebirges zu erklimmen. Er wandte sich nunmehr südwärts, ließ jedoch Uba westlich liegen und griff die Mubi-Heiden an. In schwerem Kampfe besiegte er den Häuptling Barngassu und verwüstete die reich mit Dörfern besiedelte Ebene von Mubi. Bezeichnend für das Verhalten der Fulbe der damaligen Zeit ist, daß die bei Mubi weidenden Jillaga unter dem Malum Haman beim Erscheinen des Bautschi Gordi ihr Vieh in die Berge trieben und untätig dem Kampfe ihres Befreiers vom Joche der Heiden zusahen. — Von Mubi wandte sich Bautschi Gordi gegen die Krieger des Häuptlings Usa Urnde von Uba, die er zunächst bei Burtol Ba und sodann bei Mampeia schlug. Das heidnische Uba wurde zerstört und dann die Dorfstelle den hier bereits ansässigen Jillaga übergeben.

Über den weiteren Zug des Bautschi Gordi herrscht Dunkel. Die einen sagen, er habe im Paß von Ba den Kamm des Gebirges erstiegen und sei nach Osten bis Gauar vorgedrungen, die anderen behaupten, er sei weiter nach Süden entlang dem Westrande des Gebirges bis etwa nach Belel gezogen und habe sich dann westwärts gewandt, um im Kampfe gegen die Yanguru zu fallen.

Als dritter kühner Führer, der vor dem Auftreten des Modibo Adama Fulbe-Krieger gegen Heiden des Mandara-Gebirges führte, ist der Schëu Bubairo (Buba Yero) zu nennen. Von Gombe aus zog er in raschem Zuge durch das Land der Yanguru über Ssong und Holma nach Kilba und zerstörte sodann die am Westhange des Gebirges liegenden Siedlungen der Njëi-Heiden, insbesondere Paka. In Meiha nahm er die Unterwerfung des Njëi-Häuptlings Amadu an und bestätigte ihn nach Übertritt zum Islam als Häuptling. Entlang dem Rande des Gebirges zog er südlich etwa bis Belel, die Dörfer der Kobotschi-Heiden zerstörend und folgte von da aus dem Laufe des Mao Tiel aufwärts bis Dornomo. Von hier aus bekriegte er die Falli-Heiden von Bulmi. Dann ereilte ihn der Ruf des Schëu Usmanu, der ihn zur Rückkehr nach dem Westen zwang. Vorher gab er jedoch seinem treuen Mitkämpfer Buba Kobotschi den Auftrag, die Falli-Heiden weiter zu bekriegen.

Die Hoffnung des Buba Yero vom Schëu Usmanu mit der Herrschaft über die von ihm bekriegten Gebiete belehnt zu werden, erfüllte sich nicht. Man sagt, er sei in Ungnade gefallen, weil er auf eigene Faust seinen so erfolgreichen Zug unternommen habe. Usmanu durchschaute ihn wohl, und, um seinen Gelüsten nach Selbständigkeit entgegenzutreten, setzte er ihn als Statthalter über die näher bei Sokoto gelegene Provinz Gombe ein. Den Befehl die östlichen Heiden zu bekriegen, übertrug er jedoch dem Modibo Adama, der von Gurin aus ihm gehuldigt hatte. Damit beginnt die eigentliche Eroberung des Landes.

Bevor ich indes die Taten des Mannes schildere, dessen Name heute das von ihm und den Fulbe-Ardos eroberte Land trägt, möchte ich mit wenigen Worten der Vorgänge in den Haussahländern zu Beginn des neunzehnten Jahrhunderts gedenken, die in letzter Linie den Anstoß zur Erhebung der Adamaua-Fulbe gaben.

Gegen die Neige des achtzehnten Jahrhunderts lebte im Lande der Gobir im nordwestlichen Haussah der Fulbe - Schriftgelehrte Othman dan Fodïe. Futa Toro am Senegal war seine Heimat. Von dort war er ausgezogen, um sich mit dem Studium der islamitischen Glaubenslehre zu beschäftigen und sich bald außergewöhnliches Wissen anzueignen, mit dem tiefstes religiöses Empfinden, ja fanatische Begeisterung gepaart waren. Daneben Schmerz über die politische Ohnmacht seiner Stammesgenossen, die als Viehzüchter ein gedrücktes Dasein führten. Sie aus ihrer Erschlaffung aufzurütteln, die in ihnen schlummernden Kräfte zu wecken, war sein nächstes Ziel. Dieses zu erreichen, mußte der Glaubenseifer neu belebt werden, denn auch unter den Fulbe der Haussahländer war die Lehre des Propheten, die einst ihre Bekenner zu mächtigen Taten begeistert hatte, zu leerem Formelkram herabgesunken. Jahrelang — die Adamaua Fulbe erzählen 21 Jahre — durchzog Othman nun als Wunderpriester das Land. Seinem persönlichen Beispiel und vor allem der Glut seiner Beredsamkeit gelang es, einen Kreis von Schülern um sich zu sammeln, der sich dann rasch ausdehnte, so daß Othman 1802 sich gegen den Fürsten Gobir erhob, dessen Krieger schlug und sich zum Herrn von Kebbi machte. Im raschen Siegeslaufe unterwarfen seine begeisterten Scharen dann die zerrütteten Haussahstaaten und drangen über ihre Grenzen in die benachbarten Reiche. Als Hauptstadt wählte Othman zunächst Gondo, dann erbaute er Sokoto. Im Jahre 1808 entsandte er ein Heer unter Gonni Muktaru gegen Bornu. Die Hauptstadt Ghasr Eggomo wurde erobert und Sultan Ahmed aus dem Lande vertrieben.

Auf die Dauer vermochten die Fulbe sich jedoch nicht in Bornu zu halten, sondern mußten dem aus Fessan gebürtigen Scheich El Kanemi, dem Gründer des heutigen Herrscherhauses von Bornu weichen. An dem Kriegszuge gegen Bornu nahm eine Abteilung Adamaua-Fulbe, Wollarbe unter dem Ardo Buba-Yidda von Kofa teil. Nach dem Rückzuge der Fulbe aus Bornu wurde aus Rache Kofa von dem Bornu-Kriegshauptmann Alascheo Tigoma zerstört.

Von den Kriegshauptleuten des Othman, die mit den von ihnen eroberten Ländern belehnt wurden, möchte ich folgende erwähnen: Abu Amin den Lámido Jampare; Omaru Daladji den Lámido Katsena; Ssulemane den Lámido Kano; Jacubu den Lámido Bautschi; Bubairo den Lámido Gombe; Modibo Adama den Lámido Adamaua.

Im Jahre 1817 starb der Gründer des Fulbereiches im 63. Lebensjahre, wie man sagt, in religiösem Wahnsinn. Der Fulbe-Chronist aber schreibt: „Da ließ Gott ihm sagen, daß seine Jahre gezählt seien. Am Montag den 3. September zur mitternächtigen Stunde starb der Schëu. Vor seinem Tode benutzte er jeden Augenblick, um seiner Umgebung das Wort Gottes zu predigen.“ In Othman schied der größte Mann, den die Fulbe hervorgebracht haben, eine Erscheinung die den Großen seiner Zeit zuzugesellen ist. Krieger, Staatsmann und Dichter war er in einer Person, und nur so konnte es ihm auch glücken, ein Gebilde zu schaffen, wie es das Fulbe-Reich darstellte.

Als die Kunde von der Erhebung des Schëu Usmanu nach Osten an die Ufer des oberen Benue gedrungen war, zogen Fulbe Große aus dem heutigen Adamaua nach Sokoto, um dem großen Schëu zu huldigen und um, ein jeder für sich, die Belehnung mit der Herrschaft über die im Osten, dem heutigen Adamaua, zerstreut wohnenden Fulbe zu erbitten. Es waren dieses: das Haupt der Wollarbe Kilba, Modibo Dau, der nach dem Auftreten des Schëu Bubairo auf eigene Faust die an den Westhängen des Gebirges zwischen Mubi und Meiha ansässigen Heiden bekriegt hatte; sein Verwandter der in Meiha wohnende Modibo Haman, Stammvater des heutigen Hauses Gárua, bekannt als kühner Streiter und tüchtiger Schriftgelehrter; der Modibo Yam, das Haupt der bei Bundang am Faro angesiedelten Wollarbe; und schließlich der Modibo Adama. Ihn erwählte der Schëu Usmanu und verlieh ihm die weiße Fahne, um sie zum Kriege und Siege gegen die Ungläubigen zu führen (1805).

Adama, der Sohn des Malum Hassana, entstammte der Sippe der Ba, die über Gombe-Babir-Yanguru in die Gegend von Ssong, einer Batta-Landschaft, gelangt war. Frühzeitig wanderte er nach Bornu, um in den Schulen von Kuka sich gediegenes Wissen anzueignen. Bald nach seiner Rückkehr nach Ssong starb sein Vater und nun verlegte Adama seinen Wohnsitz nach Gurin am Faro, wo bereits Verwandte sich angesiedelt hatten. Hier gab er sich wieder ausschließlich geistlichen Betrachtungen hin, bis ihn aus seinen Grübeleien der Ruf des Schëu weckte. Man erzählt, in Degel bei Sokoto habe ihn der Schëu erwartet. — In Begleitung des Adama befand sich ein junger Verwandter, der aus Djumo gebürtige Sabana. Nach seinem Namen fragte Usmanu; als er hörte, „Sabana-Djumo" entgegnete er: „Nein, Sakana Djumo" d. h. soviel wie „achte auf ihn." Wie wahr dieses Wort des Schëu war, das seine Fähigkeit ihm eingab, auf den ersten Blick den Menschen zu durchschauen, sollte Adama erfahren, als er in dem Konu Wonde genannten Feldzuge gegen die Yanguru durch den Verrat dieses Sabana fast in die Hand der Heiden gefallen war.

Als Statthalter des östlichen Fulbereiches behielt Adama seinen Wohnsitz einstweilen in Gurin. Zunächst galt es für ihn, sich unter den auf einem weiten Gebiete zerstreuten, bislang ohne jeglichen Zusammenhang lebenden Fulbesippen Anerkennung zu verschaffen. In allen Teilen des „Fumbina" hatte die Auseinandersetzung zwischen den Heiden und Fulbe bereits begonnen; wesentliche Erfolge waren von letzteren errungen, die Macht der alteingesessenen Häuptlinge vielerorts schon an die Häupter der Fulbe übergegangen. Jetzt mutete man diesen zu, nach Gurin zu kommen, um dem freilich von dem Beherrscher der Gläubigen, dem Schëu Usmanu, dessen Name auf allen Fulbelippen klang, eingesetzten, aber aus kleiner Sippe hervorgegangenen Adama zu huldigen und damit auf unmittelbare Unterstellung unter Sokoto zu verzichten. Daß es manchem der stolzen ehrgeizigen Ardos sauer wurde, diesen Gang zu tun, ist selbstverständlich. Einige der Größten, so der Jillaga Ardo Buba, der sich zum Herrn von Binder gemacht hatte, und der Zertrümmerer der Dama-Heidenherrschaft Buba-Njidda, versuchten noch einmal durch Gesandtschaften an den Hof des Schëu, denen reiche Geschenke an Sklaven beigegeben wurden, ihre Selbständigkeit zu retten. Doch allen Bitten gegenüber verhielt man sich in Sokoto ablehnend, oder nahm eine zweideutige Haltung ein, wo klare Abweisung nicht rätlich erschien. Nur in einem Falle machte Usmanu eine Ausnahme. Den Ardo der kleinen, aus Baghirmi vertriebenen und nun in Kalfu ansässig gewordenen Sippe der Gara machte er reichsunmittelbar. Im übrigen war die Unterstellung der Ardos unter Adama ein unbedingtes Erfordernis, sollte die Eroberung des Landes in einheitliche Bahnen gelenkt und ein Reich hier im Osten zusammengeschweißt werden, das als festes Bollwerk der Fulbeherrschaft gegen die großen östlichen und nördlichen Reiche sich bewähren konnte. So blieb den Großen, wollten sie nicht ihre Hausmacht verlieren, nichts anderes übrig, als Adama zu huldigen. Nur wenige Fulbehäuptlinge stellten sich nicht, da sie die Sache der Heiden zu der ihrigen gemacht und sich als Verräter an dem eigenen Stamme gezeigt hatten. So der Wollarbe Djauro Hassana, der treu sich seinen Gastfreunden, den Gewe-Heiden von Pirma zeigte, bis ihn der Modibo Buba-Yam von Tscheboa unterwarf und der im Grenzgebiet der Musgu-Sumeia- und Tuburi-Heiden ansässige Jillaga-Ardo von Keia, den der Ardo Buba Biroo, der spätere Herr von Mendiff, auf dem Felde von Hardelagadje erschlug.

Man muß dem Adama zugestehen, daß es ihm gelang, die Ardos Adamauas sich botmäßig zu erhalten und etwaige Selbständigkeitsgelüste, wie bei wachsender Hausmacht sie vor allem Rei und Ngaundere zeigten, rechtzeitig zu unterdrücken. Hierzu standen ihm, abgesehen von der Anwendung von Macht, zwei Mittel zur Verfügung: Der Appell an den gemeinsamen Glauben bei gemeinsamer Abstammung, und die Ausnutzung der gegenseitigen Eifersucht, die unter den Ardos in immer wachsendem Maße sich bemerkbar machte.

Das alte Wort „Divide et impera" galt und gilt besonders für Adamaua.

Wenige Worte über die Persönlichkeit Adamas! Er wird geschildert als ein Mann von hagerer, hoher Gestalt, scharfen, etwas durch Pockennarben entstellten Zügen und leicht gebogener Nase. Er stellt so den Typ des edlen reinen Fulbe dar. Auch wohl in seinen Charaktereigenschaften, wenn diese auch durch seine geistige Größe abgetönt erscheinen mögen. In der Wahl seiner Mittel soll er, wie jeder Fulbe, nicht wählerisch gewesen sein. Kann man ihm hieraus aber einen allzugroßen Vorwurf machen, wenn man berücksichtigt, mit welchen Widrigkeiten er zu kämpfen hatte, um seine Macht gegen einen Buba Njidda von Rei, Jobdi von Bundang-Ngaundere und Haman Sambo von Tschamba-Tibati durchzusetzen? Bewunderenswert ist die Tatkraft des Fulbehelden. Er kämpfte in allen Teilen seines weiten Reiches mit Ausnahme des fernen Südens, dessen Unterwerfung ja auch in der Hauptsache in die Zeit seiner Nachfolger fällt. Als ein unermüdlicher Krieger, focht er bald im Westen gegen die wilden Yanguru, bald im Norden gegen seinen großen Feind, den Sultan von Mandara. Dann durchzog er wieder die kahlen Höhen des Mandara-Gebirges, seinen Ruhm im Kampfe gegen die Falli-Muffu und Daba-Heiden vermehrend, oder er ließ am Mao-Kebbi die Mundang die Schärfe seines Schwertes, den Ungestüm seiner fanatischen Panzerreiter fühlen. Auch im näheren Süden kämpfte er gegen die Were- und Tschamba-Heiden, gegen die Namschi und Dui. Unter ihm zeigten die Kämpfe zwischen Fulbe und Heiden wenigstens zeitweilig die Merkmale heroischer Größe; ihm war es noch um Ausbreitung des Islam zu tun und nicht nur um die Vergrößerung des Harems und Füllung der Sklavenhöfe, wie dieses unter seinen Nachfolgern ausschließlich der Fall war. Während er sich selbst unermüdlich den Anstrengungen der Märsche, den Entbehrungen des Feldlagers aussetzte, wechselte er in der Gestellung der Hilfstruppen durch seine Vasallen ab; klug gönnte er ihnen Zeit sich zu erholen und eigenen Interessen zu widmen. Gerade in dieser Beziehung haben seine Nachfolger, vor allen Subeiru, gefehlt und dadurch schnell eine verderbliche Reichsmüdigkeit der Vasallen herbeigeführt.

Eine zeitgerechte Schilderung der Regierung Adamas oder seiner Nachfolger auf dem Throne von Yola zu geben, liegt mir fern. Eine solche Aufgabe zu lösen, würde auch das mir zur Verfügung stehende Material, Schilderungen unterrichteter Fulbe, nicht ausreichen, zumal deren Angaben sich häufig widersprechen. Ich muß mich darauf beschränken, zunächst in großen Zügen den Verlauf der Eroberung Adamauas zu schildern und dann in einem folgenden Abschnitte die Geschichte der einzelnen Adamaua-Staaten.

Gurin war, wie erwähnt, von Adama als Hauptstadt erwählt, da sich hier seine Sippe niedergelassen hatte, und sich in der Nähe große Siedlungen der Wollarbe-Fulbe befanden. Das Land gehörte den Batta-Heiden, deren Unterwerfung baldiges Erfordernis war, um die neue Hauptstadt vor Überfällen zu sichern. Die mächtigste der näheren Battaherrschaften war Bagele, deren Bereich sich südlich des Benue bis an das Wore-Gebirge erstreckte. Aus dem offenen Felde waren die Batta bald vertrieben; ihre in den Bergen gelegene Hauptstadt wurde jedoch erst nach jahrzehntelangen Kämpfen von Adamas Sohn und Nachfolger Laual erobert. Schneller gelang die Unterwerfung der übrigen Battareiche. So besiegte Adama nach schnellem Zuge über Tschilkali den Häuptling Yideng Demssa, der im Kampfe sein Leben ließ; dann unterwarf er die Batta von Malabu und Ssong und leistete seinem Freunde, dem Modibo Yam, Gründer des Hauses Tscheboa, Hilfe gegen den angesehenen Häuptling Midjam von Kokumi. Nach siebenjährigem Kampfe fiel der Ort. Den Modibo Haman von Garua unterstützte Adama gegen die Tengelin und dehnte dann die Fulbeherrschaft bis an den Zusammenfluß von Mao Deo und Faro durch Unterwerfung der Batta von Djongom aus.

Ernster wie diese Kämpfe waren die, welche im nordöstlichen Adamaua, im sogenannten Funange ausgefochten werden mußten, da hier sehr bald dem Fulbe ein ebenbürtiger Gegner, der Sultan von Mandara entgegentrat, dessen Interessensphäre damals bis an den Mao Kebbi reichte. Es war geschildert, daß die Jillaga durch Streitigkeiten mit den Fulbe-Badaua, in denen letztere von dem Gisiga-Häuptling von Marba unterstützt waren, gezwungen, ihre Weideplätze bei Gasaua verlassen hatten und über Lara, wo sie einen Angriff von Truppen des Sultan von Mandara bereits zurückschlugen, und Binder in das Land der Mundang südlich des Tuburi gezogen waren. Hier ereilte ihren Führer, den Modibo Buba ein Hilferuf der nördlichen Binder-Heiden gegen den Häuptling von Binder. Buba leistete diesem Rufe Folge, überschritt nordwärts den Tuburi, vereinigte sich in Bideng mit den Heiden von Lara, Dumru, Torok und eroberte Binder (1805, nach Anderen 1812), dessen Häuptling Gonjue fiel. Die westlich wohnenden Jassing, ein Mundang-Stamm, unterwarfen sich und Lere wurde erobert. Allerdings wurde der dort als Verweser eingesetzte Sohn des Buba, Adama, nach kurzer Zeit von den Mundangs wieder verjagt.

Von ungleich größerer Bedeutung wie die Feldzüge gegen die südlichen Mundang waren die Unternehmungen gegen die nördlich Binder liegenden Reiche der Gisiga- und Sumeia-Heiden, deren Zertrümmerung erst die Errichtung der Fulbeherrschaft im Osten besiegelte. Von Binder drang Modibo Buba Biroo d. i. „der Milchtrinker“ nach Norden vor und eroberte mit Hilfe der Badaua - Fulbe Marba (1808 bezw. 1812). Der Sieg über die Heiden soll ein vollständiger gewesen sein; zahlloses Rindvieh, kleinen buckellosen Schlages, und Ponies fielen in die Hände der Sieger. Die Heiden wurden in die Berge westlich Marba getrieben, wo sich ihr Häuptling Laeta bei Mogassam eine feste Niederlassung erbaute, aus der ihn erst Modibo Adama vertreiben sollte. Der Einnahme von Marba oder Márua,[5]) wie der Ort fortan genannt wurde, folgte die von Mendiff, dem Hauptorte der Sumeia-Heiden. Der Ruhe sollten sich die Fulbe in dem neu erworbenen Gebiete nicht erfreuen; es begannen die Kämpfe mit Mandara, dem nominellen Oberherrn von Marba, die eigentlich bis zur Besitzergreifung Adamauas durch die deutsche Regierung dauerten. Sie hier zu schildern, würde zu weit führen; es möge erwähnt werden, daß 1822 der Sultan Bukar Adama von Mandara nach anfänglichem Siege eine Niederlage bei Massfei erlitt, wo die Hauptmasse der Badaua damals noch ansässig war; daß er dagegen bei Eissa harde die Sippe der Gara fast völlig ausrottete und nicht mit Unrecht, da diese, uneingedenk der ihm von Mandara schon lange gewährten Gastfreundschaft, den Schëu Bornu zum Kriege gegen Mandara aufzureizen suchte. Diese Bluttat zu rächen, eilte Adama aus Gurin herbei. Im Tal des Mao Tiel vordringend, erreichte er den Kamm des Mandara-Gebirges, durchzog den Paß von Popologossum und warf sich zunächst auf die Heidenherrschaft Gidder. Unweit Sugi verblutete ihr Häuptling Mulli Madi unter den Schwertern der Fulbe; seinem Sohne Mulli ecksim gelang die Flucht auf die westlich Gidder gelegenen Libe-Berge. Gleiches Schicksal wie die Gidder-Heiden ereilte die diesen verwandten Heiden von Musugeu, deren Hauptort Lumaß auflohderte. Mit Gidder fiel ein wichtiger Knotenpunkt den Fulbe in die Hände. In raschem Zuge rückte nun Adama gegen Dolo, die Hauptstadt Mandaras. Unter den Mauern der Stadt wurde der Sultan geschlagen. Er floh nach Dikoa, seine Stadt fiel in die Hände der Fulbe. Noch ein zweites Mal sah Dolo den siegreichen Adama in seinen Mauern. Diesesmal mußte er jedoch, gedrängt von Eliaser, dem Sohne des wiederum flüchtigen Bukar nach dreitägigem Aufenthalte die Stadt verlassen. Als Grenzen zwischen Márua und Mandara zwang Adama dem Bukar den Mangabe auf. Dann eilte er über das Gebirge nach Westen, um nach Züchtigung der Gauar-Heiden den von Mandara vertriebenen Ardo Njidda von Madagali in seine Stadt zurückzuführen. Bei Garire-Tanne hatte der Ardo Dadi eine schwere Niederlage erlitten und war gezwungen, seinen bisherigen Wohnsitz bei Disa aufzugeben. In der Bucht von Madagali hatte er sich angebaut. Von hier vertrieb Mandara seinen Sohn Njidda nach einem Gefecht, das 90 Fulbe das Leben kostete. Der Rest der Sippe fand Aufnahme bei den Wula- und Sugur-Heiden, die schon früher einmal den Baewue Unterkunft geboten hatten. Dem Ardo Njidda selbst, der sich nach Gurin gewandt hatte, wurde das an der Straße Gárua—Mubi gelegene Bungel als Aufenthaltsort angewiesen. Seitdem gehört der Ort zu Madagali. Nach den Siegen gegen Mandara bei Dolo führte Adama dann den Yidda nach Madagali zurück. Zwölf Jahre hatte der Ort in Trümmern gelegen. Fortan hatte auch hier im äußersten Nordwesten die Fulbeherrschaft festen Fuß gefaßt. Die Versuche Mandaras, den festen und durch seine natürliche Lage geschützten Ort zu nehmen, scheiterten.

Auf die Eroberungszüge der Fulbe unter Adama gegen die Heiden des Mandara-Gebirges und seiner südlichen Ausläufer bis an den Benue und Mao Kebbi einzugehen, erscheint mir nicht erforderlich. Hier genügt zu erwähnen, daß an der Westseite des Gebirges sich die Herrschaften Djumo, Holma, Kilba, Mubi, Uba, Moda, Mitschiga festigen konnten; daß im Lande der Falli-Heiden Buba Kobotschi, dessen bereits bei Schilderung des Eroberungszuges von Schëu Bubairo gedacht ist, seine Herrschaft Bascheo bis an die Bori-Berge ausdehnte; daß der Malum Sambo, Neffe des Jillaga Danaedjo die Falli von Bulmi unterwarf und so den Grund zu der kleinen Herrschaft Dembo legte, und daß schließlich Yussuffa von Maesso und sein Sohn Tunari, später bekannt unter dem Namen des Ardo Badessi, den Ort Golombe eroberten und so die Grenzen der Herrschaft bis an den Mao Kebbi vorrückten. Tunaris Bruder, Yamhura, ein sehr kriegslustiger Herr, focht gegen die Falli von Mao Scholi und Kangu und unterwarf dann die Niam-Niam von Baschima am Mao Kebbi und Benue. Be wurde sein Sitz. Gleichfalls gegen die Niam-Niam, deren Gebiet sich dem Mao Bibene, einem linken Nebenfluß des Mao Kebbi aufwärts erstreckte, focht auch der Jillaga Yalige, der dann von Modibo Adama mit dem Gebiet Bibene belehnt wurde, nach dreijähriger Herrscherzeit jedoch gegen diese kriegerischen Heiden fiel. Erst spät gelang es, diesen Stamm niederzuwerfen.

Südlich von Bibene war inzwischen ein Staat erstanden, dessen Ruhm bald in besonderem Glanze erstrahlen sollte: Rei, oder wie er nach seinem Gründer auch genannt wurde: Bubanjidda. Der Jillaga Bondi la Malle hatte sich im Mundang-Lande von seinen Stammesgenossen getrennt und bei Lame angesiedelt. Von hier weideten seine Fulbe am Mao Godi im Lande der Dama-Heiden, deren Hauptort das am oberen Ende des Benue gelegene Doro war. Der Enkel des Bondi la Malle, Buba Njidda, durch seine Mutter verwandt mit dem Häuptlingshause der Dama, gewann großen Einfluß unter diesen, griff in Thronwirren ein und war bald tatsächlicher Herr des Landes, zumal nachdem er das am Mao Rei gelegene feste Dorf Arei erobert hatte. Am anderen Ufer des Flusses gegenüber Arei, das er fortan nach Fulbesitte Nassarau[6]) nannte, erbaute er sich eine eigene Stadt, das heutige Rei. Von hier aus dehnte er seine Herrschaft nach Süden im Lande der Dui, Mbum und Lakka bis an den fernen Rand des Kamerun-Plateaus aus.

Es bleibt noch übrig, der Eroberung des Südwestens zu gedenken; sie fällt in die letzten Jahre der Regierungszeit Adamas, vor allem aber in die seiner Nachfolger. Wir sahen, daß Adama die Battaherrschaft Lamurde Djongom unterworfen und damit die Grenze des neuen Reiches nach Süden bis an den Zusammenfluß des Mao Deo und Faro ausgedehnt hatte. Südlich dieser Grenze saßen Tschamba-Heiden, deren Hauptort am linken Ufer des Faro lag. Fulbe-Kiri, eine Unterabteilung der Fulbe-Gara, die von Bautschi aus, dem Gongola-Fluß folgend, den Benue erreicht hatten und dann nach Südwesten an den Faro gezogen waren, hatten sich hier niedergelassen, um schließlich die Macht zu erringen und die früheren Bewohner Tschamba's auf die steil aufragenden Hänge des Alantika zu jagen. Auf zwei Wegen erfolgte dann von Tschamba aus das Vordringen der Fulbe nach Süden. Den Mao Deo aufwärts zogen Wollarbe unter Führung der Ardos Haman Yoda, Samatu und Haman Dandi, kämpften gegen die das Banglang-Gebirge bewohnenden Tschamba-Heiden, legten einen festen Platz in Laro an und zogen weiter südlich, um Kontscha, den Hauptort der Kotopo-Heiden, zu erobern. Haman Dandi zog später weiter den Mao Deo aufwärts bis zu dessen Quellen, erklomm also bei Sambulaba das Gendero-Gebirge, bekriegte die Wute von Banjo und gründete sich hier ein eigenes Reich, dessen Abhängigkeit von Yola sich mehr und mehr lockerte. Er und seine Nachfolger sind es gewesen, die den Mbam überschritten und Kriegszüge gegen die Tikar, Bamum und Banssos unternahmen, ohne jedoch

der erst die Errichtung der deutschen Herrschaft ein Ende machte. In ihr sanken die Unternehmungen der Fulbe immer mehr und mehr zu Beutezügen herab. Die Dörfer der Heiden zu zerstören, die Felder zu verwüsten, vor allem aber sich der Ernten zu bemächtigen und reiche Beute an Sklaven und Vieh heimzuführen, war fortan das Trachten der Fulbe; Vieh zu stehlen, einzelne Händler zu überfallen, zu töten und ihre Habe in die Berge zu schleppen, einsam liegende Gehöfte in Brand zu stecken, fortan die Sehnsucht der Heiden. Daß dieser Kriegszustand, ganz abgesehen davon, daß jährlich in weiten Gebieten die Dörfer verbrannt, Felder verwüstet und die unglücklichen Heiden abgeschlachtet oder in die Sklaverei abgeführt wurden, auf die Entwickelung Adamauas den ungünstigsten Einfluß hatte, liegt auf der Hand. Im ganzen Lande mehrte sich ständig die Unsicherheit der Wege, vor allem der Hauptkarawanen-Straßen, da nicht nur Heiden den Wanderern auflauerten, sondern auch Fulbe, verwildert durch das Lagerleben, den Straßenraub als einträglichen angenehmen Zeitvertreib erkannten. Nicht nur niedriges Gesindel, sondern auch Sprossen der Geschlechter! So ließ z. B. Emir Subeiru von Yola seinen Neffen Karimon hinrichten, der auf der Straße Banjo-Yola Wegelagerei betrieben hatte. Der Handel allerdings stockte trotzdem nicht. Um Sklaven wohlfeil kaufen zu können, die die Hauptware darstellten, scheuten die Händler: Kamuri, Araber oder Haussah, die unsichersten Straßen nicht. Ja selbst in die entlegensten Heidendörfer drangen die Haussah, nicht die gewinnsüchtigsten, aber mutigsten dieser Wanderhändler, um die aus einzelnen Gehöften oder von der Straße geraubten Sklaven, einerlei ob rechtgläubig oder heidnisch, anzukaufen und sie auf die großen Sklavenmärkte zu bringen. Ein Krebsschaden dieser immerwährenden Fehden war ferner, daß der Farmbestellung nicht mehr genügend Zeit und Arbeit gewidmet wurde, so daß Zahl und Größe der bebauten Felder zurückging. Die waffenfähige Mannschaft war fast ständig auf Kriegszügen, einerlei ob unter den Fahnen der Emire von Yola, oder gerufen von eigenen Herren. Sie entfremdete sich also dem Ackerbau. Doch wozu sich diesem überhaupt widmen? Die Heiden waren so fleißig und ihre Kornspeicher waren überfüllt, reiche Beute winkte also. Und lustiger war es, Dörfer zu plündern, Ziegen oder gar Menschen zu fangen, der Mordlust zu fröhnen, als im heißen Sonnenbrande das Feld zu roden. Fiel dann ein Beutezug unglücklich aus, waren die eigenen Vorräte verzehrt, oder trat gar eine Mißernte ein, dann schlich das Gespenst des Hungers in den Fulbeorten umher und mancher Fulbe zog zu den

Heiden, um gegen Vieh oder gar Sklavenkinder sich Korn zu verschaffen. So sehr ist die Fulbebevölkerung Adamauas noch heute dem Landbau entfremdet, daß die Residentur Adamaua immer wieder auf die Notwendigkeit vermehrten Anbaus hinweisen muß. Um so schwerer ist jetzt aber die Rückgewöhnung zur Arbeit, als die Zahl der Sklaven ständig abnimmt, der Fulbe selbst aber mehr Viehzüchter als Landarbeiter ist.

Neben der Verwilderung der Massen macht sich unter den Nachfolgern Adamas, vor allem unter dem schwachen Sanda, in wachsendem Maße Ungehorsam der Vasallen bemerkbar. Adama war es gelungen, den Trotz der Großen durch Waffengewalt, aber auch durch kluges Einlenken zu bändigen. Selbst Buba Njidda hatte sich schließlich gefügt, und auch Jobdi von Ngaundere hatte offene Auflehnung nicht gewagt. Kaum hatte Adama aber die Augen geschlossen, da kündigte Rei den Gehorsam, zog sich in seine uneinnehmbare Burg Scholire zurück und trotzte hier allen Angriffen. Fortan folgte der Herr von Rei nur soweit Befehlen Yolas, ja selbst Sokotos, als es ihm im eigenen Interesse ratsam dünkte. Zur persönlichen Huldigung erschien er nicht mehr in Yola. Sein Beispiel machte Schule. Amadu, der wilde Sohn des Hama Sambo von Tibati-Tschamba, kündigte die Vasallentreue und scheute sich nicht, gegen Ngaundere und Banjo zu Felde zu ziehen. Unter den Händen seiner Mordbuben verblutete die Mutter des Ardo Issa von Ngaundere, als die Stadt während der Abwesenheit ihres Herrn von Amadu überfallen und eingeäschert wurde. Es gelang dem Laual, der mit dem Heere Adamauas vor Tibati erschienen war, nicht, die Stadt einzunehmen. Gleiche Haltung wie Rei und Tibati nahmen später Ngaundere und Banjo ein, ja, unter Sanda wagten selbst kleinere Statthalter wie Moda und Bibene dem Emir Trotz zu bieten. In Márua scheute sich der Pöbel nicht, den stolzen Emir Subeiru von Yola zu verhöhnen, als dieser nach der ihm von dem Abenteurer Hajatu bei Balda bereiteten Niederlage fluchtartig die Stadt durchzog. Daß es Hajatu überhaupt gelingen konnte, zur Macht zu gelangen, zeugte von der inneren Zersetzung, die Adamaua ergriffen hatte. Das Reich erzitterte in allen Fugen und war bereits stark erschüttert, als englische Granaten im Jahre 1901 in den Emir-Palast von Yola einschlugen und als bald darauf die anstürmenden Fulbe-Reitergeschwader bei Gárua von dem Schnellfeuer deutscher Soldaten fortgefegt wurden.

IV. Yola.

Die Hauptdaten aus dem Leben Adamas,[8]) des ersten Emir von Adamaua und des Erbauers von Yola, der dritten Residenz des neuen Reiches, sind gegeben. Da zudem dieses Fürsten bei Schilderung der Geschichte der Einzelstaaten, zumal der Kämpfe mit seinen Vasallen gedacht werden muß, glaube ich davon absehen zu können, hier noch einmal das Leben Adamas an uns vorbeiziehen zu lassen.

Adama hinterließ seinem Sohne Laual ein gefestigtes Reich. Die zahlreichen Heidenherrschaften waren zertrümmert und in ihren Hauptorten residierten Fulbefürsten. Die ebenen Teile des weiten Gebietes, die vor allem als Weideland für die neuen Herren in Frage kamen, waren erobert und die Heiden in die Gebirge gedrängt. Auch dorthin waren ihnen die Fulbe gefolgt, meist jedoch wieder vertrieben. Die endgültige Unterwerfung dieser noch unabhängigen Heiden war neben dem weiteren inneren Ausbau des Reiches die vornehmste Aufgabe Lauals. Sie sollte weder ihm noch seinen Nachfolgern glücken; in die Heidengebiete zu dringen und hier den Grund zur Neuordnung zu legen, war den Europäern vorbehalten. Verschiedenen Umständen, deren zum Teil schon am Schluß des vorigen Abschnittes gedacht ist, ist dieser Mißerfolg der Emire Yolas, zuzuschreiben. Vor allem waren die Fulbe nicht mehr die fanatisch begeisterten Eroberer, wie zur Zeit ihrer Erhebung. Sie kämpften jetzt weniger um des Glaubens und des Ruhmes willen, als der Beute wegen. Die einfachen Sitten, die sie bislang ausgezeichnet hatten, begannen dem Wohlleben zu weichen; es machte sich der Verderb allzugroßer Sklavenwirtschaft geltend. So wurden die Kriege gegen die Heiden immer schwächer geführt; sie nahmen die Formen von Raubzügen an, die abgebrochen wurden, wenn genügend Beute gemacht war, oder wenn man auf heftigen Widerstand stieß. Eine derartige Kampfesweise konnte aber nicht zum Ziele führen; im Gegenteil beanspruchte die völlige Unterwerfung der Heiden weitgehendste Anspannung aller Kräfte. Dem ersten Ansturm der Fulbe, ihren wilden Reiterangriffen, der glaubenssicheren Begeisterung der Fußkämpfer hatten die Heiden selbst dann erliegen müssen, wenn sie über genügend Reiterei verfügten, wie die Gisiga und Sumeia. So hatten sie überall schnell die Ebenen räumen müssen, wenn sie nicht die Unterwerfung unter die Fulbe vorgezogen hatten. Im Gebirge waren sie aber den Reiterangriffen entzogen. Als gleichwertige, ja häufig überlegene Kämpfer traten sie fortan in den Klippen und Höhlen ihren Feinden entgegen. Sie fochten hier nun den Verzweiflungskampf, mußten ihn kämpfen, wollten sie nicht den Schwertern ihrer unerbittlichen Feinde erliegen, während ihre Weiber und Kinder in die Sklaverei getrieben wurden. Die Heiden auf den Bergen selbst anzugreifen, die steilen Hänge im Hagel der Giftpfeile zu erklettern, Mann gegen Mann in den Klippen oder zwischen den engen Mauern der wohlbefestigten Dörfer, in denen jedes Gehöft eine Burg darstellte, zu kämpfen, unterließen die Fulbe auch bald, nachdem blutige Verluste sie von dem Ernste derartiger Fehden überzeugt hatten. Ihre schwere Ausrüstung, die den abgesessenen Panzerreitern das Aussehen aufrecht wandelnder Schildkröten gab, machte sie auch tatsächlich ungeeignet zu derartigen Kämpfen; ohne den Schutz von Panzern in den Bereich der Pfeile sich zu wagen, überließ man den Sklaven und Unbemittelten. Man begnügte sich fortan, die Heiden anzugreifen, wenn diese die schützenden Berge verließen. Und hierzu zwang die Not. Die von den Heiden bewohnten Gebirgshänge sind meist unfruchtbar, und selbst die gewissenhafteste Ausnutzung des Bodens, oder der fleißigste Bau von Stüzmauern zur Vergrößerung der anbaufähigen Fläche und zur Verhinderung der Abschwemmung der Ackerkrume durch die Gewässer der Regenzeit konnte nicht genügen, den Kornbedarf der Heiden zu decken. Diese mußten Farmen in den Wäldern der Niederungen anlegen. Hier waren sie aber wiederum den Angriffen der Fulbereiter ausgesetzt. Fast jährlich durchstreiften deren Reiter, wenn fernes Donnern das Nahen der Regenzeit kündete, die Täler und Ebenen nahe dem Gebirge, trieben die Heiden auf die schützenden Hänge und äscherten die zu Füßen des Gebirges gelegenen Gehöfte ein. Die notwendigen Farmarbeiten konnten nicht ausgeführt werden. Wollten die Heiden nicht dem Hungertode verfallen, mußten sie zeitweilig um Frieden bitten, d. h. die geforderten Sklaven zahlen. Glückte es aber Felder zu bestellen, so heimsten häufig die durch Späher benachrichtigten Fulbe die Ernte ein. Selbstverständlich unternahm Yola auch große, Monate währende Kriegszüge gegen Heiden, zu denen möglichst der ganze Heerbann Adamauas zusammengezogen wurde. Wohl glückte es bei derartigen Unternehmungen, mangelhaft geschützte Heidenortschaften zu erobern; endgültiger Erfolg war aber selten.

Ich sehe davon ab, die Kämpfe Lauals gegen seine trotzigen Vasallen, wie Rei und Tibati, an dieser Stelle zu schildern. Nur möchte ich eine gegen Fulbe gerichtete Unternehmung erwähnen, diejenige gegen den Modibo Radji, der sich in Kalfu als „Gottesgesandten“ erklärte und die weltliche Herrschaft an sich riß. Der diesem Treiben völlig ohnmächtige Lámido Koiranga von Kalfu mußte Yola um Hilfe bitten, um den Empörer niederzuwerfen. Also bereits unter Emir Laual versuchten Abenteurer, die Rolle des Mahdi zu spielen!

Von den Feldzügen gegen die Heiden möchte ich folgende hervorheben. 1852 gelang es endlich, die Macht des Batta-Häuptlings von Bagele nach Eroberung seines Dorfes zu brechen. Bezeichnend für das Verhalten der Fulbe ist, daß die Einnahme Bageles nur der Anwendung von List glückte. Laual sandte, als er gegen den Ort vorrückte, eine aus Bagele gebürtige, ihm ergebene Sklavin in das Dorf, die hier vorgab, entflohen zu sein, um dann, als die Aufmerksamkeit der Bewohner auf die anrückenden Feinde gerichtet war, in einem abgelegenen Dorfteile Hütten in Brand zu stecken. In dem Glauben, der Feind sei in die brennenden Teile eingedrungen, eilten die Bagele zur Abwehr dorthin und ermöglichten so den Fulbe den Eintritt in das Dorf.

Auch die endgültige Unterwerfung von Lere, dem es immer wieder gelungen war, die Herrschaft Binders abzuschütteln, gelang Laual. Das Mundang-Land überwies er nun seinem Sohne, dem Jerima Sudi zur Nutznießung, da dessen Mutter Lere entstammte. Die Zerstörung des großen Heidenortes Hina gelang zwar, doch entzogen sich die Heiden weiteren Angriffen durch die Flucht auf die Berge.

Während Lauals Regierung unternahm der Jerima Sanda einen Zug den Benue aufwärts in das Gebiet der von Rei beanspruchten Dui-Heiden und unterwarf einen Teil derselben z. B. die Ssagdsche.

Dem Laual folgte 1873 sein Bruder, der Emir Sanda (1873—1890). Er war wenig energisch und kriegerischen Unternehmungen abhold. Auf die während seiner Regierungszeit unternommenen Feldzüge gegen die Heiden einzugehen, ist kaum nötig. Eine völlige Niederlage erlitt er gegen die östlich von Lere wohnenden Tirgeli-Heiden. Erst in Lere endete die Flucht der Fulbe. Ebenso schmachvoll verlief die Unternehmung gegen die Kangu-Heiden, die nachts das Fulbe-Lager überfielen und seine Bewohner in die Flucht schlugen. Nur der Lámido Mustapha von Tscheboa und Malum Issa von Gárua scheuten sich, vor den Heiden das Feld zu räumen und hielten bis zum Morgengrauen im Pfeilhagel aus. Den Trotz seiner Vasallen zu bändigen, verstand Sanda noch weniger als sein Bruder Laual. Während der Empörung des Ardo Mansuru von Bibene starb er. Seinem Bruder

Subeiru (1890—1902), der ihm folgte, gelang durch kluges Einlenken sofort die Unterwerfung des Ardo. Er zeichnete sich überhaupt durch mancherlei einen Sudanfürsten zierende Charakteranlagen aus. Zähe Energie und Tatkraft besaß er ebenso sehr, wie Verschlagenheit; dabei war er von unermüdlicher Unternehmungslust und kriegerischem Geiste. Dem weichlichen Leben in Yola zog er das rauhere Lagerleben vor. Dem schamlosen Treiben der Prinzen seines Hauses, die mit Straßenräubern wetteiferten, bereitete er ein baldiges Ende. Dem Trotze seiner Vasallen trat er entgegen und gewann durch eigenes kluges Verhalten und Geschick seiner Unterhändler wieder mehr Einfluß an den Höfen. Sich persönlich Anhänger und Freunde zu verschaffen, verstand er jedoch nicht. Seine immerwährenden Unternehmungen gegen die Heiden, zu denen er gewöhnlich den ganzen Heerbann Adamauas heranzuziehen pflegte, ermüdeten auf die Dauer seine Vasallen, denen seine Despotennatur sowieso natürlich wenig behagte. Mehr wie einmal suchten sie sich durch Treulosigkeit und Verrat seiner zu entledigen, zum letzten Male im Kampfe gegen Hajatu bei Balda [9]). Erst dann konnte er auf Anhänglichkeit rechnen, als den Fulbe in dem Europäer ein gemeinsamer Feind entstand. Und selbst jetzt gaben die meisten Fulbefürsten Subeirus Sache schon verloren, als dessen Stern kaum zu bleichen begann. Nur wenige haben ihm Anhänglichkeit bis zum Tode bewiesen. Vasallentreue ist ein dem Fulbe im allgemeinen wenig bekanntes Wort!

Von den zahlreichen Feldzügen Subeirus gegen die Heiden möchte ich einige erwähnen:

Er versuchte die Schlappe zu tilgen, die Sanda von den Kangu erlitten hatte; durchgehenden Erfolg konnte aber auch er nicht erringen, obwohl er die Klippen, in denen die Kangu-Dörfer zerstreut liegen, mit den ihm von Mizon geschenkten Geschützen beschießen ließ. Dagegen glückte ihm die Zerstörung des nahe Kangu gelegenen Falli-Heidendorfes Puri und eines Teiles von Gutschumi. Eine Unternehmung gegen die Mundang von Fugo verlief wenig glücklich; auf dem Rückzuge geriet sogar sein Sohn Sadu in die Gefangenschaft und starb eines qualvollen Todes. Ebensowenig glücklich focht er gegen die Binder-Heiden; bei Minjel wurden die Fulbe geschlagen und zur eiligsten Flucht nach Binder genötigt. Später gelang es Subeiru die Jassing, wenn auch nur zeitweilig niederzuwerfen und dann seine Waffen bis an den Logone zu tragen. Eine mehrmonatliche Unternehmung gegen die Marghi von Basa hatte dagegen wieder wenig Erfolg.

Mehr wie diese Feldzüge gegen armselige Heiden mußten Subeirus

Aufmerksamkeit Vorgänge beanspruchen, die im nordöstlichen Teil seines Reiches im „Funange" sich abspielten. Noch unter der Regierung des Emir Sanda hatte sich hier ein Prinz des Hauses Sokoto, Hajatu, Sohn des Seidu niedergelassen. Er war, wie der damalige Brauch von jüngeren Prinzen es erheischte, mit Geleitbriefen wohl ausgestattet, aber sonst arm an Gütern aus Sokoto ausgezogen, um die Höfe Adamauas kennen zu lernen und ihnen vor allen Dingen zeitweilig seine Unterhaltung aufzubürden. Als Enkel des großen Bello von Sokoto und als angeblicher Mekka-Pilger war er auf weißem Kamele in Yola eingezogen und gut aufgenommen, sobald wie möglich aber mit Segenswünschen, stattlichem Gefolge an Sklaven und Sklavinnen und wohlgesetztem Geleitbrief nach Márua abgeschoben. Man traute ihm in Yola nicht und war froh, ihn wieder außerhalb der Mauern zu wissen. Und mit Recht. Hajatu war ein Mann von durchdringendem Verstande, großer Schlauheit und Anpassungsvermögen, vor allem aber von unersättlichem Ehrgeize. In der Wahl seiner Mittel war er nie verlegen, wenn sie ihn nur seinem Ziele näherten: Errichtung einer selbständigen Herrschaft. Die Gabe, Menschen zu durchschauen und diese seinen Plänen nutzbar zu machen, während sie glaubten, er fördere ihren Vorteil, besaß er, wohl ein Erbstück seines Ahnen, des Schëu Usmanu, in hohem Maße. So hatte er bald das Vertrauen des Lámido Sali von Márua und gleichzeitig Einblick in die verworrenen Verhältnisse des Funange gewonnen. Da er erkannte, daß hier das Feld für sein Auftreten bereitet sei, ließ er sich, wenn auch mit scheinbarem Widerstreben leicht gewinnen, einstweilen die Reise nach Mekka zu unterbrechen. Und in der Tat waren die Verhältnisse im Ostgebiet geeignet, Pläne eines Mannes wie Hajatu zu fördern. Im Inneren: Streit und Eifersüchteleien der kleinen Vasallen Máruas untereinander und gegen Márua; zwischen diesem und Mendiff: dauernde Intriguenspiele. Solche auch an allen Höfen selbst, wo jüngere Prinzen nach der Herrschaft trachteten und bereit waren, jedem sich anzuschließen und jeden zu unterstützen, der ihre Absichten begünstigen konnte und wollte. An den nördlichen Grenzen aber dauernder Kleinkrieg mit dem alten Erbfeind Mandara, dessen kriegerischer Sultan Bukar den nördlichsten Posten der Fulbe, Pete, zerstört hatte und sich anschickte, den Dukba zu überschreiten. Bereits hatte er Koseoa angegriffen, war jedoch mit schweren Verlusten — angeblich 500 Tote — zurückgeschlagen, wie auch sein Angriff auf das benachbarte Papada erfolglos geblieben war.

Auf Rat des Lámido Sali blieb Hajatu zunächst in Bogo, dessen

Lauan Hamadgare von Márua abzufallen drohte und daher mit Hilfe Hajatus entfernt werden sollte. Letzterer gewann zunächst das Vertrauen des Lauan von Gaba und Malam und bemächtigte sich nun des zu Bogo gehörigen Dorfes Balda. Dieser Ort spielt in der Geschichte Adamauas eine große Rolle, da eine angebliche Prophezeiung des Schëu Usmanu ausgesprochen haben soll: in Balda werde der Mahdi erstehen, der dem Fulbe-Reiche neuen Glanz verleihen werde. Gestützt auf diesen Ausspruch hatte sich schon vor Hajatu ein Abenteurer aus Malle, der Modibo Abdulahi zum Gottesgesandten erklärt, hatte aber keinen Erfolg gehabt. Hajatu spielte seine Rolle mit größerem Geschick. Es gelang ihm den früheren Herrn von Pete, Lauan Dalil, und den Borei-Ardo Tukur zu gewinnen und zunächst mit ihrer Hilfe den Hamadgare, der vergebens Yolas Unterstützung erbat, aus Bogo zu verjagen. Dann griff er sogar Mendiff an, um den Bruder des herrschenden Lámido Tukur, zur Herrschaft zu verhelfen. Dieser Versuch mißlang, obgleich er im Geheimen von Sali von Márua unterstützt wurde. Hajatu griff nun, ein seltsamer Dank, das Márua-Land an und brandschatzte die zwischen Balda und Márua gelegenen Dörfer bis hart an die Tore der Hauptstadt. Gemeinsame Not verbündete die bisherigen Feinde Sadu-Mendiff und Sali-Márua gegen Hajatu; bei Ginglei wurden indes ihre Heerscharen unversehens angegriffen und völlig geschlagen. Drei Söhne des Sali bedeckten das Kampffeld. Inzwischen war in Yola Subeiru dem schwächlichen Sanda gefolgt; dem Emir dünkte es hohe Zeit, Hajatu ein Halt zu gebieten. Er bot den Heerbann Adamauas auf und rückte, nachdem er auf dem Marsche durch das Mandara-Gebirge das Falli- und Daba-Land verwüstet hatte, über Márua nach Bogo. Drei Monate lagerte er unentschlossen am Tsanaga, wie die Fulbe erzählen. Erst nachdem dann mehrfache Versuche den Hajatu durch Vermittlung des schlauen Lauan Bakari-Bogo zur Unterwerfung zu bewegen, gescheitert waren und verschiedene Fulbe-Ardos die Neigung zeigten, abzuziehen, entschloß Subeiru sich zum Angriff auf Balda. In drei Haufen war sein Heer geteilt: Den rechten Flügel bildeten die Jillaga von Mendiff und Binder, den linken Máruas Streiter, während die Hirnage Wollarbe, auf die sich der Emir am meisten verlassen konnte, die Mitte hielten. Den Befehl hatte Subeiru heimlich seinem Bruder Aliu abgetreten, da ihm hinterbracht war, daß Verrat geplant sei. Ja, seine eigene Reiterei hatte er Aliu zugewiesen. Die Aufstellung war eine derartige, daß Bogenschützen und Schildträger die Vorhut bildeten und diesen die Gewehrschützen folgten. Die Panzerreiter bildeten das Hintertreffen. Hinter ihnen hielt sich Subeiru auf, umgeben von dem Kern seiner Leibwächter. Hajatu stürzte sich auf die Mitte und durchbrach das Fußvolk in wildem Ansturm auf die Panzerreiter, unter denen er den Emir vermutete. Unter den Streichen der Fanatiker Baldas verblutete Aliu und mit ihm die treuen Wollarbe. Subeiru war sofort über Borei-Yoldeo nach Kongola, einer Vorstadt Máruas geflohen, als er die Richtung des Angriffes Hajatus erkannt hatte. Wie berechtigt sein Mißtrauen gegen seine Vasallen war, bewies das Verhalten der Jillaga, die ohne Schwertstreich das Feld räumten. Die von Hajatu aufgenommene Verfolgung mußte bald unterbrochen werden, da die Márua-Fulbe durch einen weiten Bogen in seinen Rücken gelangt waren und Balda brandschatzten. Mit reicher Beute gelang ihnen der Rückzug nach Márua. An dem völligen Siege Baldas ist trotzdem nicht zu zweifeln. Yola rüstete sofort zu neuem Kampfe; ausgetragen wurde dieser indeß nicht mehr, da Hajatu sich Rabbeh anschloß. Wenige Worte mögen gleich das Schicksal des Abenteurers schildern: Seine Hoffnung, von Rabbeh als gleichwertiger Verbündeter aufgenommen zu werden, erfüllte sich nicht. Er kehrte daher zeitweilig nach Balda zurück, siedelte aber schließlich doch nach Dikoa über, um am Hofe Rabbehs zu leben. Als dieser gegen Baghirmi focht, trat Hajatu in geheime Verbindung mit dem Fürsten von Bautschi, um ihn zum Kampfe gegen Bornu zu bewegen. Dieser zeigte sich auch dem Plane nicht abgeneigt. Um eine persönliche Begegnung herbeizuführen, verließ Hajatu Dikoa, jedoch in langsamem, durch den schwerfälligen Troß behindertem Marsche. So gelang es Rabbehs Sohn und Vertreter Fad el Allah, der von dem geplanten Anschlage inzwischen gehört hatte, den Flüchtigen einzuholen. In dem sich nun entwickelnden Kampfe blieb Hajatu Sieger und folgte seinem verwundeten Gegner nach Dikoa, um sich der Stadt zu bemächtigen. Hier schoß ihn jedoch ein Soldat Rabbehs in die Brust. Die nun versuchte Flucht mißlang; an der Verwundung starb Hajatu. Sein Bruder Dudua und sein Vetter Moallah wurden von Fad el Allah auf dem Markte von Dikoa hingerichtet.

So endete dieser große Abenteurer. Auch seinem Gegner, dem Emir Subeiru schlug bald die Schicksalsstunde. Sein Verhalten gegen die „Niger Company“ veranlaßte die englische Regierung zum Einschreiten. Yola wurde von englischen Soldaten erstürmt. Subeiru floh über die deutsch-englische Grenze, wohl in der Hoffnung, die bei Gárua versammelten schwachen Kompagnien des Hauptmann

Cramer von Clausbruch und des Oberleutnants Schlosser mit seinen noch weit überlegenen Kräften vernichten und dadurch sein Ansehen wieder herstellen zu können. Er erlitt statt dessen eine völlige Niederlage; der Lámido Tscheboa, der Subeirus Truppen führte, fiel. Eiligst floh der Emir nach Márua. Dort schlug ihn Dominik in hartem Kampfe. Von Ort zu Ort ward nun Subeiru von deutschen Soldaten verfolgt, bis er schließlich bei Madagali wieder auf englisches Gebiet übertrat. Er floh zu den Ssong-Heiden, die ihn erkannten und niederschlugen. — Immer wieder tauchen Gerüchte auf, Subeiru sei nicht tot, sondern nach Mekka gepilgert, von wo er bald zurückkehren werde. Dann werde er den Kampf gegen die Europäer zu siegreichem Ende führen. Glauben ist diesen Gerüchten nicht beizumessen. Dem damaligen britischen Residenten von Yola, Herrn Barclay ward sichere Kunde, daß Subeiru, der letzte unabhängige Emir von Yola unter den Keulen der Ssong endete.

V. Die Adamaua-Staaten.

In den vorhergehenden Abschnitten habe ich versucht, in großen Zügen ein Bild der friedlichen Durchdringung Adamauas von Fulbehirten und der Eroberung des Landes durch diese zu geben. Mich hierbei auf Einzelheiten einzulassen, verbot vor allem die Rücksicht auf die Übersichtlichkeit. In Folgendem möchte ich nun ein Bild der Entstehung der wichtigsten Staaten und ihrer Geschichte geben, soweit sie dem heutigen deutschen Adamaua angehören.

A. Staaten der Wollarbe.

Moda. — Ardo Sambo zieht von Waendu Dilara am Tschad südlich, stirbt in Birni Gassama. Sein Sohn Yulde weidet bei Kobschi. Buba Yiddi bi Yulde verlegt seinen Wohnsitz an den Jadseram, in die Nähe des heutigen Kofa. Von hier stößt er zu Modibo Muktaru, als dieser Bornu angreift. Nach Kofa zurückgekehrt, wird er von dem Bornu-Heer unter Alascheo Tigoma aus Kofa vertrieben. Sein Sohn, Haman Moda, Enkel des Heidenhäuptlings Gassama von Moda, siedelt sich wieder in Kofa an, ebenso sein Verwandter, der Ardo Naëri, Gründer des Hauses Mitschiga. Haman wohnt sodann in

Lahaula, später im heutigen Moda. Im 80. Lebensjahre lehnt er sich gegen den Emir Sanda von Yola auf, flieht aber vor dem anrückenden Heere unter Jerima Tafida zu den Heiden von Gullak. Später stellt er sich in Yola und wird nach Gire am Benue verbannt, wo er stirbt. Die Herrschaft Moda, die inzwischen von dem Ardo Yaja Mitschiga besetzt war, erhält Haman Modas Haman Tafa; dieser stirbt jedoch noch vor dem Einzuge in Moda. Dessen Nachfolger Haman manga bi Haman Moda vermag erst mit Hilfe von Madagali den Eintritt in sein Land zu erzwingen. 1902 flieht Haman Manga mit dem Emir Subeiru auf das englische Gebiet. Ardo wird der noch jetzt herrschende Rufua.

Mitschiga. — Der Bruder Kiari des oben erwähnten Naëri unterwirft die Mitschiga-Heiden. — Andere Quellen lassen Haman Tschabuni bi Naëri sich in Mitschiga ansiedeln. — Dieser wurde von Adama belehnt. Von seinem zweiten Nachfolger Ardo Yaja bi Haman ist nur zu erwähnen, daß er einen vergeblichen Versuch machte, sich des benachbarten Moda zu bemächtigen.

Kilba (englisch). — Lange Zeit Hauptsiedlung der Wollarbe. Modibo Dau wird von Adama belehnt, unterwirft die Kilba-Heiden und kämpft gegen Njëi und Mubi. Zerwürfnisse mit seinen Stammesgenossen veranlassen ihn, zeitweilig Kilba zu meiden und unter den Jillaga von Agorma zu weilen. Veranlassung:

Dau's Herden wurden durch Diebstahl stark vermindert; als Diebe erkannte er Angehörige; er zwang sie zum Schwur auf den Koran, fortan nicht mehr zu stehlen. Sie stahlen weiter. Da trat eine Seuche auf, die große Verluste forderte. Man beschuldigte nun Dau, diese dadurch herbeigeführt zu haben, daß er seine Leute zum Falschschwur zwang. Später empfand man Reue und bat Dau zurückzukehren. Dau's Grab gilt heute als Wallfahrtsort, da er als „Walil Illahi“ verehrt wird.

Dau's fünfter Nachfolger — Alhadji bi Dau, Najasi bi?, Eliaser bi Alhadji, Malum Haman bi Dau. — Buba, sein Enkel, fällt gegen einen Parteigänger des Hayatu, Namens Malum Sambo.

Sambo zieht in Begleitung von Schua Araber aus Balda über Gurin-Gárua nach Kilba. Überall ausgewiesen, schließt er Freundschaft mit den Kilba-Heiden und wiegelt sie zum Kampfe gegen Kilba-Fulbe auf. Diesen erklärt er den heiligen Krieg! Wird bei Uro Pallade indes besiegt und dann in Doa getötet. In diesem Kampfe fällt auch Buba Kilba.

Holma (englisch) - Ssorau. — Djauro Dagurma siedelt von Kilba nach Holma über. Freundschaftliches Verhältnis mit dem Heidenhäuptling Dimitilli, dessen Schwiegersohn er wird. Sein Sohn Malum Dembo herrscht 24 Jahre. Nach dessen Tode folgen rasch hintereinander Malum Ssule, Malum Gabo und Lauan Ssule; diesen vertreibt Hamarua, Sohn des im Ssorau ansässigen Sudu-Aliu-Djauro Kurndel.

Nach 33 jähriger Regierung folgt ihm sein Sohn Mamadu, der indes nach kurzer Zeit durch Barkindu vertrieben wird. Ihm, der als Anhänger Suheirus flüchtig (1902) geworden ist, folgt Yelani.

Ssorau war durch eine Abteilung der Holma-Heiden besiedelt, die sich Kurndel nannte; sie verblieb unter Holma. Aliu bi Haman Yoda zieht von Kilba nach Ssorau, nennt sich fortan Djauro Kurndel. Schëu Buba Yero überträgt ihm nach Unterwerfung der Kurndel-Heiden die Herrschaft, die jedoch später Holma unterstellt wird.

Djumo (englisch). — Schëu Mahamadu zieht von Malle über Bornu-Kilba nach Bille am Djumo-Berge. Nachkommen bleiben hier. Malum Buba heiratet Asta-Yale, Tochter des heidnischen Häuptlings Dampale von Djumo, wandert dann nach Borongo. Sein Sohn Sabana wird auf Bitten seines Großvaters Dampale mit der Herrschaft über Djumo-Heiden belehnt. Er fällt von Adama ab, wird aber begnadigt, nachdem er seine vier Töchter an vier Söhne des Adama verheiratet hat. Er richtet Wafango als Wohnsitz seines ältesten Sohnes Haliru ein, dessen Mutter Maimuna, Tochter des heidnischen Häuptlings Jacuba von Furda — Lamurde Djumo — ist.

Demssa. — Eine kleine Abteilung Wollarbe zieht von Bornu entlang der Ostseite des Mandara-Gebirges nach Marba und sodann durch das Gebirge über Gauar-Mubi nach Kilba. Als Führer werden genannt Haman Yero, Biri und Haman Sambo. Der Sohn des Haman Yero, Haman Yoda, genannt Ba Haruna, zieht mit dem Enkel des Biri, den Modibo Demssa bi Haman Gari in die Gegend von Bascheo und sodann zu den Batta von Demssa-Poa. Nach Adamas Erhebung verweigern die Fulbe dem Häuptling Yideng von Demssa den Tribut, kämpfen dann aber unglücklich. Erst Adama besiegt den Häuptling. Die Herrschaft erhält indes nicht Ba Haruna, da er nicht Schriftgelehrter ist, sondern der Modibo Demssa. Dieser unterwirft nach und nach die Batta und Teile der Tengelin, sowie Toro. Er stirbt etwa 1830; sein Nachfolger wird Alim bi Haruna, der vier Jahre herrscht. Ihm folgen sein Sohn Haman — dreizehn Jahre — und seit 1895 der noch jetzt regierende Salihu (Abb. 21 b).

Gárua. — Haman Yero führt die Wollarbe-Abteilung von Malle nach Kilba. Ein Nachfolger, der Modibo Haman, weidet bei Demssa, wird dann aber durch feindliches Verhalten der Batta gezwungen, in die Gegend von Kilba zurückzukehren. Er schließt sich später dem Schëu Buba Yero an und läßt sich nach Unterwerfung der Njëi-Heiden in Meiha nieder. Von hier zieht er wieder südlich, weidet bei Tscheboa südlich des Benue, überschreitet aber bald diesen Fluß wieder, um sich in Gárua, dem heutigen Gárua-Winde, niederzulassen, wo sich bereits sein Verwandter Tairu befand. Dieser hatte schon heftige Kämpfe mit den heidnischen Bewohnern der Gárua-Landschaft überstanden, die allerdings zum großen Teil vor der Fulbe-Einwanderung auf das Tengelin-Gebirge gezogen waren. Das ungesunde Sumpfklima, so heißt es, habe die Bewohner der Gárua-Dörfer veranlaßt, auf die gesunden Höhen zu ziehen. — Es wird erzählt, daß einst die Tengelin die Fulbe-Siedlungen angriffen, als Tairu mit den Männern ausgerückt war. Es gelang jedoch dem Weibe Ya Dodo mit nur zwei Männern den Ort zu halten, bis Tairu zurückgekehrt war und nun einen glänzenden Sieg über die Heiden errang. — Modibo Haman und Ardo Tairu geben nach Unterwerfung der noch in Wamgo - (Heidendorf) Gárua wohnenden Batta die bisherige Siedlung auf und gründen wenige Kilometer flußaufwärts, eine neue, die sie Ribadu nennen. Eifersucht auf die überragende Stellung des Modibo Haman veranlaßt jedoch den Tairu, an die bislang von ihm bewohnte Dorfstelle zurückzukehren, die fortan den Namen Gárua-Winde führt, während Ribadu kurz Gárua genannt wird. Emir Laual unterstellt später Gárua-Winde dem Ardo Gárua.

Modibo Haman verehrt man noch heute als großen Kriegsmann und Schriftgelehrten; sein Grab wird als Wallfahrtsort betrachtet. Zu seinen Lebzeiten war er indes wegen seiner Gewalttätigkeit verhaßt. Dieser Haß kam einst zum Ausbruch, als er er seine Untertanen nach Fulbe-Brauch zur Bestellung seiner Farmen zusammengezogen hatte. Das Korn wurde unterschlagen und das Feld mit Sand bestellt. Erwähnen möchte ich, daß Haman sich weigerte, Adama als Oberherrn anzuerkennen. Jahrelange Haft in Sokoto ward ihm dafür.

Er vertreibt die noch zu Füssen des Tengelin wohnenden Heiden von Bulgu und Beri mit Hilfe des Bundang-Großen Haman da Asta-Yoda. In dem heutigen Leinde legt er einen Betplatz an. Ihm folgt sein Sohn Ardo Bakari, der Leinde zur Residenz machte. Kämpfe gegen die Tengelin mit Unterstützung des von Modibo Adama entsandten Ahidjo und Mansuru verlaufen ziemlich ergebnislos, ebenso solche mit Hilfe des Alim Demssa und Musa Tscheboa. Dann schlägt er jedoch die Tengelin an der heutigen Dorfstelle Nassarau und errichtet nun hier zur Erinnerung an diesen Kampf einen Betplatz. Einen Angriff auf das Dorf Tengelin weisen die Heiden bei Tapare Korgu ab, werden dann aber auf dem Felde von Sadol Pugluko

Abb. 22. Kaigamma Gárua.

Abb. 21a. Lámido Buba von Gárua. Abb. 21b. Djauro Salihu von Demssa.

geschlagen, als sie zum Angriff auf Leinde vorrücken. Dem Bakari, der zwölf Jahre regiert hat, folgt sein gelehrter Bruder, der Modibo Usmanu, tritt jedoch nach neun Monaten freiwillig von der Herrschaft zurück, um sich ganz geistigen Betrachtungen zu widmen. Sein Nachfolger Haman Buba bi Bakari fällt nach 2 ½ jähriger Regierung in einem Kampfe gegen die Toro- und Puri-Heiden. Ihm folgt der Malum Issa, Sohn des Haman. Viele Kämpfe mit den Tengelin, bei denen er von Mustapha von Tscheboa, Haman Demssa, Sibirilla-Djebake unterstützt wird, hat er zu bestehen. Auch aus Yola sendet Emir Sanda den Wadjiri Alim und später den Jerima Ïa zur Unterstützung. Als gefürchteter Gegner der Fulbe wird der Häuptling Djire von Tengelin genannt, der das Fulbedorf Alseni zerstört hat.

Erfolgreicher Zug gegen die Scheri und Tumni. Hierbei greift Sibirilla von Djäbake von Süden an, unterstützt von dem ihm befreundeten Heiden von Bulgu, die ihm das Erklimmen des Tengelin ermöglichen, während Issa im Talweg des Gulungo aufwärts zieht. Dann Zerstörung des Dorfes Kasku; die dem Kampfe entkommenen Bewohner fliehen nach Dudja.

Unglücklicher Kampf gegen Sonaio:

Schon bei Erkundung der Sonaio-Schlucht wird der bei Issa befindliche Leiter der Gárua-Faktorei (Nig. Comp.) durch einen Pfeilschuß tötlich verwundet. Beim Angriff selbst werden die Fulbe in der Pageri-Schlucht umzingelt und niedergemacht oder durch Pfeilschüsse verwundet. Von dem Nachfolger des Issa, dem Ardo Abo ist nichts zu erwähnen. Da seine Mutter ein Tengelin-Weib war, focht er nicht gegen diese Heiden. Ihm folgte der Malum Daifuru bi Issa. Er zerstört Gulumo und Sonaio, verliert aber die Herrschaft nach dem Siege des Hauptmanns Cramer von Clausbruch. Buba, Sohn des Modibo Usmanu, ist sein Nachfolger. (Abb. 21 a.)

Tscheboa. — Ado Naeoa zieht von Kilba über Malabu südlich, überschreitet den Benue bei Tepe und weidet bei den Batta von Kokumi, wo er stirbt. Sein Sohn Ssidiki gründet die Niederlassung bei Tscheboa. Buba Yam bi Ssidiki zieht mit Adama nach Sokoto und wird dann von diesem mit Tscheboa belehnt. Siebenjähriger Kampf gegen den Häuptling Midjam von Kokumi — dieser hatte schon vorher eine Gesandtschaft nach Sokoto gesandt, war jedoch abgewiesen —. Kämpfe gegen die Gewe-Heiden und den Bolaro Djauro Hassana, der sich geweigert hat, die Gemeinschaft der Heiden aufzugeben. Während dieser stirbt Buba Yam. Sein Bruder Ibrahim, mit Beinamen Modibo Danaedjo d. h. der helle (Gesichtsfarbe), führt diesen Kampf zu siegreichem Ende. Nach seiner Absetzung durch Adama kämpft der Sohn Buba Yams-Mustapha genannt Balaedjo, d. h. der dunkle, noch einmal gegen die Gewe. Djauro Hassana wurde unter der Hoheit Tscheboas Herr des Gewe-Landes und als solcher in Baimi, dem heutigen Djäbake angesiedelt.

Dem Mustapha folgt Musa, Enkel des Sidiki. Er regiert 44 Jahre und unterwirft die Batta von Kona, die nördlichen Namschi und einen Teil der Ssari-Heiden. Als Stützpunkt gegen diese Heiden legt er Wadjere an. Sein Sohn Haman Mustapha, der 22 Jahre herrscht und einer der angesehensten Fürsten Adamauas war, legt als weiteren Stützpunkt gegen die Heiden das Ssari-Massiv Golomba an. Er fällt, ebenso wie sein Bruder Garba im Feldzuge Subeirus gegen Hajatu. Sein Sohn Atiku fällt 1901 im Gefecht bei Gárua gegen Hauptmann Cramer von Clausbruch. Atikus Onkel, Malum Usmanu, flieht nach Yola und so wird Bakari bi Amada bi Da bi Ssidiki Lámido von Tscheboa.

Djäbake (Geweke). — Ardo Dembo verläßt Kilba, weidet bei den Batta von Demssa und zieht dann zu den Gewe-Heiden. Das mit diesen geknüpfte Freundschaftsband besteht auch unter den Ardos Buba und Djauro Hassana. Letzterer weigert sich, gegen die Gewe zu kämpfen und wird mit diesen von Tscheboa unterworfen. Die Herrschaft über die Gewe wird ihm dann übertragen, allerdings als Vasall von Tscheboa. Er unterwirft die in der Ebene wohnenden Gewe und kämpft auch gegen die Niam-Niam. Nach siebzehnjähriger Regierungszeit folgt ihm sein Sohn Lauan Sambo. Er herrscht fünfunddreißig Jahre, sein Sohn Seihu nur kurze Zeit. Dreißig Jahre regiert dann Sibirilla, dessen bereits bei den Kämpfen Gáruas gegen die Tengelin gedacht ist. Er stirbt 1902 als Anhänger Subeirus. Seinen Sohn Fariku töten nach drei Jahren die Heiden. Jobdi folgt.

Ngaundere. — Djauro Jua verläßt Kilba, zieht über Malabu südlich und weidet im Lande der Batta von Kokumi und Djongom. Sein Sohn Omaru läßt sich in Borongo nieder, einem zu Djongom gehörigen Dörfchen. Ardo Borongo nannte man ihn seitdem. Nach seinem Tode übernimmt sein Bruder, der Modibo Yam, die Stammesführung, der den Modibo Adama nach Sokoto begleitet und dann mit der Herrschaft Bundang belehnt wird. Er unterwirft in mehrjährigem Kampfe mit Hilfe des Adama den Häuptling Dickjiri von Djongom. Über den Nachfolger, seinen Bruder Fariku Bawabili, ist nichts zu berichten. Erst unter Jobdi bi Omaru Borongo erstrahlt der Ruhm des Hauses. Er kämpft gegen die Batta- und Tschamba-Heiden gemeinsam mit seinem Freunde Haman Sambo von Tschamba. Mit ihm zieht er den Faro aufwärts und kämpft gegen die den nördlichen Rand des Kamerun-Plateaus bewohnenden Kotopo und Suga. Darauf tritt er in Verbindung mit den Mbum-Heiden, deren nördlichste Abteilung, die Manna, schon von Haman Sambo unterworfen sind. Die erste Niederlassung auf dem Hochplateau legt Jobdi bei Bakane am Faro im Lande des Bellaka Jui an, eines Unterhäuptlings des in Lauboro nahe dem heutigen Ngaundere wohnenden Bellaka Mbum. Während er selbst nach Bundang zurückkehrt, läßt er als Statthalter in Bakane seinen treuen Sklaven Banjani zurück. Gelegentlich eines weiteren Aufenthaltes auf dem Hochlande wählt er das kleine Mbum-Dorf Delbe, das an der Stelle des heutigen Ngaundere gelegen ist, als Sitz des Banjani. Hier greifen die Mbums von Lauboro die Fulbe an. Jobdi eilt aus Bundang herbei und vertreibt den Bellaka Mbum aus seinem Dorf, das er zerstört. Er verlegt seinen Wohnsitz nun gegen den ausdrücklichen Wunsch des Modibo Adama, der den ihm gefährlich dünkenden Mann in seiner Nähe behalten möchte, dauernd nach Ngaundere. So nennt man fortan die neuerbaute Stadt. Die Nachbarschaft des verhaßten Adama ist ihm zu unbequem. Außerdem fürchtet er das Anwachsen der Macht des Haman Sambo von Tschamba-Tibati, der bereits gegen das Abkommen Teile des Mbum-Landes erobert hat. So z. B. das am Randgebirge von Mbang nördlich von Ngaundere gelegene Dorf Ngaubabil. Der Bellaka-Mbum Koia hatte nach seiner Vertreibung aus Lauboro die Feste Ngaukor bezogen. Hier greift ihn Jobdi an, erleidet jedoch eine Niederlage. Buba-Njidda-Rei und Haman Sambo-Tibati eilen zu seiner Unterstützung herbei. Ngaukor fällt nach 20 tägiger Belagerung. Bellaka Koia unterwirft sich und wird wieder in Lauboro angesiedelt.

Jobdi stirbt nach einem Aufenthalte in Bundang auf dem Rückmarsche nach Ngaundere, wie man sagt an Gift, das Adama ihm durch eine Sklavin hat beibringen lassen. Allzu großen Wert kann man auf derartige Äußerungen indes nicht legen. Sein Sohn Lauan dehnt die Herrschaft bis in das Baia-Land aus, stirbt jedoch schon nach fünf Jahren. Während seiner Regierung erhebt sich der Mbum-Häuptling Faebelli, Sohn des Bellaka Koia, nachdem er seinen Wohnsitz aus Lauboro an das Ngangha-Gebirge verlegt hat. In Ngaundere wird er getötet.

Lauan Hamans jüngerer Bruder, Ardo Issa, der Herr von Ngaundere geworden ist, dringt nach Süden weit in das Land der Kaka, nach Osten in das Lakka-Gebiet und wirft außerdem die am

Nordrande des Hochplateaus in den vorgeschobenen Inselbergen ansässigen Dui nieder, soweit diese nicht schon von Buba Njidda unterworfen sind. Aus den eroberten Ländern führt er Sklaven-Kolonien nach Ngaundere und bevölkert so das menschenleere Land. Als er auf einem Feldzug gegen die Kaka sich befindet, überfällt der Ardo Hamadu bi Haman Sambo von Tibati das noch unbefestigte Ngaundere, zerstört die Stadt und führt viele Weiber und Kinder in die Gefangenschaft. Die Mutter des Issa wird hierbei getötet. Letzterer kehrt in Eilmärschen zurück, befestigt zuerst Ngaundere und erklärt dann Tibati den Krieg. Etwa eine Stunde westlich Ngaundere an der Tinger-Straße wird das Tibati-Heer völlig geschlagen. Nun reißt Issa die bislang noch zu Tibati gehörigen Teile des Mbum-Landes an sich. Etwa 1880 erliegt er auf einem Feldzuge gegen die Baia dem Fieber.

Sein Neffe Haman Gabdo bi Lauan folgt, stirbt aber nach einigen Jahren. Bei seinem Tode befindet sich der älteste Sohn des Ardo Issa auf einem Feldzuge im Kaka-Lande. Der jüngere Abo bemächtigt sich daher der Herrschaft, verwehrt dem heimkehrenden Bello den Eintritt in die Stadt und zwingt ihn zum Abzuge nach Bundang. Subeiru überträgt dem Vertriebenen die Herrschaft über diesen Ort, der bislang zu Ngaundere noch gehörte. Bei Farkumo im Namschi-Lande erliegt Bello einem Giftpfeile der Heiden. Abo ist großer Despot, jedoch kein Krieger. Er begnügt sich, seine Heere auf Sklaven-Jagden in das Lakka-Gebiet zu senden. Tausende von Sklaven werden fortan auf der großen Lakka-Straße nach Ngaundere getrieben. Da er den Befehlen Yolas trotzt, unterbindet der Emir den Verkehr von Ngaundere nach Norden durch Besetzung der Hauptkarawanenstraßen. Außerdem nimmt er ihm, wie bereits erwähnt, die Stammherrschaft Bundang. Auch unter Abo findet eine Erhebung der Mbum von Ngangha statt. Der Bellaka Magadji, Enkel des Koia, nach Ngaundere durch List gelockt, wird in dem Augenblicke von der Scharwache des Abo niedergemacht, als er diesen mit seinem Schwerte durchbohren will. Abo fällt 1901 bei Erstürmung von Ngaundere durch den Hauptmann Cramer von Clausbruch.

Zu erwähnen bleibt, daß die kleinen Herrschaften Mao Bantadji und Gunna Gründungen des Ardo Jobdi von Bundang-Ngaundere sind. Auch Beka hing mit Bundang zusammen.

T i n g e r. — Dem in Yagure, einer von Ardo Jobdi während seiner Kämpfe gegen die Suga-Heiden errichteten Niederlassung lebenden Bollaro Adama, einem Verwandten des Jobdi, gelingt es, die Suga zur Unterwerfung zu veranlassen. Hamadu Tibati, Sohn des Haman

Sambo zerstört Yagure und tötet den Adama. Bubakari, der nunmehr die Herrschaft erhält, siedelt nach Yinga über. Auch von hier vertreibt ihn Hamadu. Bubakari flieht zunächst nach Kontscha, übersiedelt dann jedoch nach Ngaundere. Sein Bruder Usmanu wird von Hamadu gefangen, später aber von seinem Nachfolger Haman Laual auf Veranlassung des Emir Subeiru freigelassen und dann mit der Herrschaft belehnt. Er baut das jetzige Tinger.

Laro. — Haman Yoda läßt sich im Lande der von Haman Dandi von Kontscha unterworfenen Banglang-Heiden nieder und wird von Modibo Adama als selbständiger Herrscher anerkannt. Sein mehrfacher Versuch, die am Hosseri Tschebschi wohnenden Grumpao zu unterwerfen, mißlingt. Sein Nachfolger Haman Tukur begründet eine kleine Siedlung am Taraba. Dauernde Fehden mit den Heiden des Tschebschi.

Kontscha-Banjo. — (Unter Benutzung der Angaben der Oberleutnants Kirch und Thiel.) Ardo Samatu zieht am Mao Deo aufwärts und stirbt in Wassamdu, etwas oberhalb Laro. Sein Sohn Haman Dandi — Haman Gabdo — bekämpft mit Erfolg die Banglang und dann die Kotopo, deren Hauptstadt Kontscha er etwa 1835 erobert. Von hier zieht er weiter südlich, ersteigt das Hochplateau und nimmt die Wute-Stadt Banjo ein. Weitere erfolgreiche Kämpfe gegen Wute und Tikar-Stämme, erfolglose Züge gegen Bamum und Bansso. Hamadu Tibati zerstört Banjo, wird aber bei einem späteren Angriff auf die Stadt geschlagen. Banjo wird darauf befestigt. Haman Dandi (Gabdo) gründet später Gaschaka (Gasiga), wo er etwa 1873 stirbt. In Banjo residieren dann Diko, Sadji und Usmanu, während in Kontscha Bakari und dann Atiku, Sohn des Gadbo die Statthalterschaft geführt hatten. Dem von Yola als Lámido anerkannten Usmanu verweigert sein jüngerer Bruder Sambo den Gehorsam und erklärt sich als selbständigen Herrn von Gaschaka. Mehrjährige Kämpfe zwischen Beiden bei Gaschaka, wo Usmanu ein festes Lager aufgeschlagen hat. Eine vom Kaigamma Wam in Banjo angezettelte Verschwörung zwingt Usmanu nach dorthin zurück. Bald darauf stirbt er auf einem Zuge gegen die Mambila-Heiden. Sein nachfolgender Sohn Hamajam wird nach kurzer Zeit vertrieben und der jüngere Omaru wird Lámido. Er weist einen Angriff seines Onkels Sambo-Gaschaka ab. Den gefangenen Sambo und drei seiner Söhne bringt er nach Yola und wird darauf von Subeiru als Herr der Gesamtherrschaft Banjo anerkannt. Sambo stirbt in der Verbannung in Madagali. Abermals muß Omaru gegen das aufrührerische Gaschaka kämpfen, dessen Ardo Tahiru sich empört hat. Der noch heute lebende Haliru wird dann Herr der Stadt. Omaru kämpft noch einmal gegen Bansso und greift in Thronwirren in Bamum ein durch Unterstützung des Häuptlings Yoja. Er stirbt am 1. Februar 1902. nachdem er den Chef der Militärstation Banjo, den Oberleutnant Nolte erstochen hat.

Tschamba-Tibati (Fulbe Kiri). — Malum He, der Führer von Gara Fulbe, oder der Fulbe Kiri, wie sie sich nach einem Aufenthalte bei den Kiri-Heiden nannten, läßt sich bei Tschamba nieder. Da er sich weigert, den Heiden die Freundschaft zu kündigen und Adama anzuerkennen, wird er von seinem Verwandten Haman Sambo gefangen genommen und nach Gurin zu Adama gesandt, wo er in der Verbannung bleibt. Haupt der Kiri wird Haman Sambo. Nach Unterwerfung der Tschamba zieht dieser den Faro aufwärts, bekämpft gemeinsam mit dem Ardo Jobdi von Bundang die Batta, Wokko, Mbum, Suga und Kotopo, dringt in das Wute-Land ein und macht das eroberte Tibati zu seiner Residenz. In Tschamba setzt er den Hamoa, Enkel des Malum He als Galadima (Verweser) ein. Er kämpft gegen die Dendeng, Wute, Tikar erfolgreich; sein Zug gegen Bafu verläuft jedoch unglücklich. Auf einem Feldzug gegen die Wute stirbt er. Ihm folgt sein Sohn Hamadu, der zur Sicherung seiner Herrschaft, gleich nach Antritt derselben, seinen Bruder Tukur tötet. Gleiches Schicksal bereitet er dem von Tschamba gegen ihn marschierenden Bruder Amadu. Er zieht ohne jeglichen Grund gegen Banjo und Ngaundere zu Felde und zerstört diese Orte, erleidet aber bei abermaligen Angriffen schwere Niederlagen. Der Emir Laual von Yola rückt dann gegen Tibati vor, muß jedoch die Belagerung wegen Hungersnot aufgeben. Später unterwirft sich jedoch Hamadu, nachdem er von einem unglücklichen Zuge gegen Galin zurückgekehrt ist und ihn eine schwere Krankheit auf das Lager geworfen hat. Kurz darauf stirbt er.

Sein Sohn Ardo Baba folgt. Er unterwirft Ngilla und legt Yoko an. Yola huldigt er nicht. Ebensowenig sein ihm nachfolgender Bruder Haman Lamu, der indes dem Emir Tribut zahlt. Er belagert elf Jahre Ngambe. Über ihn sind genauere Nachrichten durch deutsche Forscher (Morgen u. v. Stetten) überbracht. Es genügt daher, noch zu erwähnen, daß Haman Lamu nach der Erstürmung von Tibati durch den Major von Kamptz am 11. März 1899 abgesetzt wird.

Nassarau (Fulbe Ba). — Nach Unterwerfung der Were-Heiden übergibt der Modibo Adama seinem Sohne Malum Hamidu die Herrschaft Hibango, der er die Were-Heiden unterstellt, seinem Sohne Bakari die Herrschaft Gurin mit Karin, Mapeo und Wamni. Hamidu

phot. K. Strümpell.

Abb. 23. Lámido Madagali in Wandeï im Mandara-Gebirge.

und Bakari waren als Söhne der Yasebo angeblich von der Thronfolge in Yola ausgeschlossen, weil ihre Mutter einst dem Adama den Zutritt zu ihrem Schlafzimmer verweigert hatte.

Dem Malum Hamidu folgte sein Sohn Yabano, diesem Babaua, gleichfalls ein Sohn des Hamidu. Als 1903 Hibango infolge der deutsch-englischen Grenzregulierung englisch, das zu der Herrschaft gehörige Were und Tschamba-Land jedoch deutsch wurde, übersiedelt Babaua nach Nassarau, verzichtet aber zu Gunsten seines Sohnes Maigalli auf die Herrschaft.

Madagali (Fulbe Baewue). — Also lauten die Worte des alten Kaigamma Wabi, von Geblüt ein Marghi, als wir vor dem Gehöft des Lámido Madagali (Abb. 23) unter einem Schattendache sitzen:

„Ein Bornu-Sklave namens Madi — bei den Kanuri beliebte Abkürzung des Namens Mamadi — verirrte sich auf der Jagd auf Büffel in der Gegend des heutigen Madagali. Seine Waffe bildete der „gali" genannte Wurfspeer, dessen stark vergiftete Spitze nur locker im Schaft sitzt, um nach wohlgezieltem Wurfe im Fleische zu haften, während der mit Eisenringen beschwerte Schaft zu Boden fällt. Mit neuer Spitze bewaffnet wird er zu neuem Wurfe gebraucht. Dem Jäger gefiel die wildreiche Gegend, deren dunkle Wälder Büffel, Nashorn, Elefant, Giraffe und Antilopen durchziehen, an deren Klippen und Teichen aber auch Leopard und Löwe auf Beute lauern. Er baute seine Hütte am schäumenden Bache; Marghi zogen hinzu. So entstand eine Siedlung, die nach ihrem Gründer Madigali genannt wurde. Später nannte man sie Madagali.

Hierher zog sich der Baewu Ardo Dadi, nach seinen zahlreichen Rinderherden „Dagdo Faetu" genannt, zurück, als er bei Garire Tanne vom Sultan Bukar von Mandar geschlagen war.

Seine Vorfahren hatten vordem bei Disa geweidet. Von Westen waren sie gekommen über Tibaċk-Babir. Ihr Führer war Sambo Yoro gewesen; wo er geendet, weiß ich nicht. Sein Sohn Alim mit dem Beinamen Abbalim zog weiter ins Land der Marghi, weidete bei Dille-Kobschi am weidereichen Jadseram-Fluß und ließ sich dann bei Disa nieder. Großen Einfluß gewann er hier unter den Marghi zum Ärger des Sultans von Mandara, der damals in Keraua residierte. Eine plötzlich auftretende Viehsterbe, die Stichen von Fliegen zugeschrieben wurde, trieb die Fulbe aus Disa. Sie erstiegen die schroff abfallenden Hänge des Gebirges und fanden mit ihren Herden Aufnahme bei den Wula- und Sugur-Heiden. Hier starb Abbalim. Unter seinem Sohne Alim zogen die Fulbe wieder nach Disa. Der Ardo war schwäch-

festen Fuß in deren Gebiet fassen zu können. Nur in Bamum machte sich der Fulbe-Einfluß in größerem Maße geltend. Irrtümlicherweise hat man diese Züge der Fulbe dem Buba Njidda, Herrn von Rei zugeschrieben.

Der zweite Weg, auf dem Fulbekrieger zu Eroberungen nach dem fernen Süden zogen, führte dem Laufe des Faro entlang auf das Kamerun-Plateau. Wollarbe unter dem Ardo Jobdi von Bundang und Kiri unter Ardo Haman Sambo von Tschamba zogen ihn. Sie kämpften gegen die Wokko-Heiden des Südrandes des Ssari-Massivs, gründeten bei den Kolbilla-Heiden den Stützpunkt Mao Bantadji, unterwarfen die Mbum von Manna und kämpften gegen die Suga-Heiden von Tinger und Galim und gegen die Kotopo. Haman Sambo drang dann auf dem Kamerun-Plateau weiter südlich vor, um nach glücklicher Bekämpfung der Wute-Heiden Tibati zu seiner Residenz zu machen, während Jobdi mit den östlich der Suga-Heiden auf dem rechten Faro-Ufer wohnenden Mbum von Jui zunächst in friedliche Beziehungen trat. Der Wollarbe-Führer erkannte bald die Vorzüge des Hochlandes besonders für die Viehzucht und legte in Bakane eine Niederlassung an, die er einem treuen Sklaven übergab. Er selbst kehrte zunächst nach Bumdang zurück. Dann wurde Delbe mit Fulbe besiedelt, ein Mbum-Dorf, das an der Stelle des heutigen Ngaundere lag. Hier kam es zuerst zu Kämpfen mit den Mbums, deren Hauptstadt Lauboro nahe Delbe lag. Jodbi eroberte die Stadt und vertrieb den Bellaka Mbum, Namens Koia, in die Ngaukor-Berge. Der Angriff der Fulbe auf die hier entstandene feste Siedlung wurde von den Mbum abgewiesen. Der Ort wurde erst erobert, nachdem Haman Sambo - Tibati und Buba Njidda-Rei zur Unterstützung des Jobdi herbeigeeilt waren. Mit dem Fall von Ngaukor brach die Mbum-Macht zusammen. Ngaundere[7]) wurde Sitz eines der größten Herrscher der Fulbe, dessen Macht durch Jobdi und vor allem durch seinen großen Sohn Issa nach Süden bis Bertua ausgedehnt wurde.

1847 starb Modibo Adama nach 42jähriger Regierungszeit in Yola, wohin er seine Residenz nach vorübergehendem Aufenthalte in Ribadu Dulo verlegt hatte. Adamaua konnte als erobertes Land betrachtet werden. Die Macht der Heidenherrschaften war gebrochen, und ihre Bewohner, soweit sie sich nicht dem Eroberer gebeugt hatten, aus den fruchtbaren Niederungen in die Gebirge vertrieben. Hier leisteten sie allerdings ungebeugt Widerstand. Jetzt begann die Zeit des ununterbrochenen Kleinkrieges zwischen Fulbe und Heiden,

lich und so verdrängte ihn bald sein kühnerer und seiner Viehdiebstähle wegen in besonderem Rufe bei den Dure- und Sedeleba-Heiden stehender Bruder Haman Laual. Nichts weiß man über dessen Nachfolger Muktaru und Omaru. Ardo Dadi schließlich, dessen Name schon genannt ist, weicht vor dem Andrängen des mächtigen Mandara nach Garire Tanne und nach einer abermaligen Niederlage nach Madagali. Hier stirbt er. Sein Sohn Njidda, seiner zahlreichen Heidenkämpfe wegen „Njiddere habe“ d. h. „Bekämpfer der Heiden“ genannt, wird vom Sultan Eliaser auch aus Madagali vertrieben. Während ein Teil seines Stammes bei den Sugur-Heiden Schutz findet, weist der Modibo Adama dem Njidda den kleinen Ort Bungel als Aufenthaltsort an. Zwölf Jahre weilt der Baewue-Führer hier und bei den Sugur- und Wuda-Heiden. Dann führt ihn Adama nach Madagali zurück. Der Modibo pflanzte einen Baum ein und sprach zu Njidda: „Wie ich diesen Baum hier einpflanze, setze ich dich in Madagali ein. Greift dich Mandara des Morgens an, erscheine ich abends, erfolgt der Angriff abends, komme ich morgens.“ Njidda führt zahlreiche Kämpfe gegen die Marghi, Matakam, Kapsiki und Hidji aus. Im Greisenalter erblindet er und übergibt 1854 die Herrschaft seinem Sohne Buba Sjuto, d. h. „der Zwilling.“ Er selbst zieht sich nach Bungel zurück, wo er stirbt.

Trotz der Drohung des Adama greift Sultan Bukar Madagali an. Da der Ort indes jetzt stark befestigt ist, wird der Angriff abgeschlagen. Buba Sjuto ist bei seinen Großen unbeliebt und wird daher auf Wunsch dieser vom Emir Laual abgesetzt und nach Yola verbannt. Sein Bruder Bakari wird mit Madagali belehnt. Nach dam Tode Lauals entflieht der Verbannte aus Yola und wiegelt die Mabaß-Heiden gegen Madagali auf. Der Emir Sanda eilt dem Bakari-Madagali zur Hilfe und zwingt die Mabaß zur Auslieferung des Buba Sjuto, der 1874 in der Gefangenschaft stirbt.

Abermals greift Mandara Madagali an. Am Mao Kamburo kämpfen beide unentschieden. Einen weiteren aber auch ergebnislosen Angriff führt der jetzige Sultan Mai Umar noch als Thronfolger aus. Nach 33 jähriger Regierung stirbt Bakari von Madagali 1902 in den Kämpfen Dominiks gegen Subeiru.

Duhu. — Von Bautschi gelangt Ali bi Buba nach Mune bei Kobschi. Sein Sohn Udjiri erlangt Einfluß auf die Marghi von Gullak und wird später von Adama als selbständiger Ardo anerkannt. Udjiris Sohn Hamadjam verlegt seinen Wohnsitz nach Holma. Abba bi Hamadjam siedelt sich dann in Ribadu bei Yola an, ohne jedoch auf Duhu zu verzichten. Von Ribadu sind die kleinen südlich Gárua gelegenen Herrschaften Kaujang, Bengi, Bongi, Luboki, Nakjari im Lande der Dama und Dui-Heiden gegründet. Auf ihre Geschichte einzugehen ist unnötig. Sie unterstehen heute dem Lámido von Gárua.

B. Staaten der Jillaga.

Uba. — Ardo Mola stirbt in Hildi am Jadseram. Sein Sohn Haman Dudjo zieht den Fluß aufwärts und erhält von dem Marghi-Häuptling Usa Urnde von Uba die Erlaubnis zur Ansiedelung am Uba-Berge. Nach der Besiegung des Heidenhäuptlings durch Bautschi Gordi bei Mampeia und darauf folgender Zerstörung des heidnischen Uba, wird Haman Dudjo Herr des Landes. Die Heiden waren anfangs in die Kilba-Berge geflohen, siedelten sich dann aber in den Bergen von Uba an und beunruhigten von hier die Fulbe noch lange Zeit.

Dem Haman Dudjo folgt sein Sohn Yaja; er kämpft gegen die Basa- und Gola-Heiden mit mäßigem Erfolg. Während seiner Regierung wird Uba zweimal von Bornu angegriffen. Das erste Mal führt der Schua-Araber Rhamadan das Bornu-Heer. Die Araber dringen in die von den Fulbe verlassene Stadt, werden dann aber unversehens angegriffen und zersprengt. Das Pferd des Rhamadan stürzt in der sumpfigen Niederung des Jadseram; sein Reiter wird getötet.

Den zweiten Angriff auf Uba führt der Kaschella Ali aus. Von Kofa ist er sofort auf Mubi marschiert, zerstört die offene Stadt, fällt dann aber zwischen Mubi und Uba bei Walo Naredji in einen Hinterhalt der Fulbe, dem er nur mit schweren Verlusten entgeht. — Achtzehn Jahre hat Yaja regiert. Sein Sohn Aji fällt bei einem Angriffe der Kilba-Heiden bereits nach vierjähriger Regierung. Ihm folgt Belal bi Buba bi Yaja, der Vater des jetzt regierenden Ardo Yelani von Deutsch Uba. Zweiundvierzig Jahre regiert er als treue Stütze der Emire Laual und Sanda von Yola. Gegen ihn lehnt sich sein Onkel Eliaser bi Aji auf, wird aber gefangen nach Yola gesandt. Emir Sanda setzt später den Aufrührer als Statthalter von Mugelbu ein. Nach Belals Tode wird er dann Herr von Uba. 1904 flieht er auf das englische Gebiet, da er von der Residentur Adamaua wegen Sklavenjagden belangt werden soll. Heute ist er Herr von Englisch-Uba, während Yelani Ardo von Deutsch-Uba geworden ist.

Mubi. — Ardo Yaja zieht von Bornu über Gudiri-Hildi-Batadei bei Uba nach Gude. Hier stirbt er und auch sein ihm in der

Führung der Sippe folgender Sohn Hamatu. Yajos jüngerer Sohn Haman siedelt zu den Falli-Heiden von Mubi (Muwi) über. Als der Malum Haman seinem Vater Haman gefolgt ist, besiegt Bautschi Gordi den Häuptling Barngassu von Mubi und zerstört die Mubi-Dörfer. Die Jillaga haben sich an den Kämpfen nicht beteiligt, sondern ihr Vieh in den Schutz der Berge getrieben. Nach dem Abzuge des Bautschi Gordi erbauen die Mubi-Heiden ihre Dörfer wieder, unterwerfen sich dann aber dem Modibo Adama, der nun den Malum Haman als Statthalter von Mubi einsetzt. In späteren Jahren muß Emir Laual noch zweimal gegen die Teile der Mubi-Heiden fechten, die ihre Dörfer am Rande des Gebirges erbaut haben. Die völlige Unterwerfung dieser Heiden glückt indes nicht. Hochbetagt stirbt Malum Haman.

Über seinen Nachfolger Aji ist nichts zu berichten. 1901 wird nach seinem Tode Issa bi Aji von Emir Subeiru eingesetzt; er wird von Jobdi bi Malum Seihu verdrängt und flieht als Anhänger von Subeiru auf das englische Gebiet. Nach dem Tode des Emirs kehrt er nach Mubi zurück und wiegelt die Heiden von Wintim gegen Jobdi von Mubi auf. Der Resident von Adamaua, Hauptmann Thierry, muß von Gárua zum Schutze Mubis herbeieilen und fällt im Gefecht gegen die Wintim (1904). Im nächsten Jahre wird auch Jobdi von den Heiden getötet.

Burha. — Yabo verläßt Hildi und zieht über Mubi nach Gude. Da er dort bereits Jillaga antrifft, siedelt er sich bei Ba und Burha unter Falli-Heiden an. Streitigkeiten mit den Heiden veranlassen ihn, seinen Wohnsitz zu den Wuda-Heiden zu verlegen. Hier stirbt er. Kurze Zeit führt sein Bruder Malum Kombodjo die Abteilung, dann Buba Sambo, gleichfalls ein Bruder des Yabo. Die von ihm gegründete Niederlassung Midjingi bei Wuda wird von dem Häuptling Dumbei von Hina zerstört. Bei Ba siedelt sich Buba wieder an. Auch hier greift ihn Dumbei an, stirbt aber bald darauf. Buba kehrt nun wieder nach Midjingi zurück, um von dem Sohne des Dumbei, dem Häuptling Duwa von Hina abermals vertrieben zu werden. Als hundertjähriger Greis soll er etwa 1880 östlich Ba gestorben sein. Sein Sohn Omaru lebt noch heute in Burha.

Gude-Gela. — Ardo Adama, Sohn eines bei den Gela-Heiden ansässig gewordenen Haman Njidda greift in Thronstreitigkeiten zwischen den Häuptlingssöhnen Basuoi und Suga Kanu zu Gunsten des Ersteren ein. Basuois Nebenbuhler wird getötet, dessen Sohn Maundi nach Duwu verjagt. Adama, der vom Modibo als Herr über die Gude-Heiden anerkannt wird, zu denen Gela gehört, wird bei Schlichtung eines

Streites zwischen zwei Fulbe um die Abgrenzung ihrer Äcker erschlagen. Seinen Tod benutzt der aus Gela einst vertriebene, inzwischen erstarkte Heide Maundi zu Angriffen auf das Fulbe-Dorf und zwingt schließlich Hamadu, Sohn des Adamas, zur Verlegung seines Wohnsitzes nach Gude. Nur mit Hilfe von Yola kann selbst dieser Ort gehalten werden. Schließlich stellt sich auch bei den Gela-Heiden das Bedürfnis nach Ruhe ein. Die durch Malma, Sohn des Maundi, nach Yola an den Emir Laual übermittelte Bitte um Frieden wird angenommen unter der Bedingung, daß die Gela den früheren, inzwischen verfallenen Fulbeort Gela aufbauen und besiedeln. Dangi, Sohn des Maundi, entspricht der Forderung und tritt zum Islam über, sein Bruder Malma bleibt mit seinem alten greisen Vater im Heidendorfe. Die Scheidung in fullanisierte und heidnische Gela besteht noch heute.

Nach 33 jähriger Herrscherzeit tritt Hamada zu Gunsten seines Sohnes Boja zurück. Während letzterer herrscht, greifen die Dirgisi-Heiden mehrfach das befestigte Gude an, werden aber mit Hilfe des jetzigen Ardo Kao von Fulbe-Gela abgewiesen. Auf Veranlassung des Emir Sanda wird Gude dann befestigt. Die Dirgisi unterwirft später Subeiru von Yola.

Als Unterabteilung der Jillaga gelten heute die Fulbe Falli, deren Vorfahren im Lande der Falli-Heiden zurückgeblieben waren, während die große Masse der Jillaga durch das Mandara-Gebirge ostwärts zog. Ihre Abstammung führen die Geschlechter auf den Modibo Karimon zurück, der in Gude sich niedergelassen hat und hier stirbt. Seine Nachkommen bleiben in Kobotschi. Nach Ibrahims bi Bume bi Karimon in Kobotschi erfolgtem Tode zieht sein jüngerer Sohn Jussufa Duruoi über Dirbei nach Maesso, während der ältere Salihu in Kobotschi bleibt. (Andere Gewährsmänner behaupten, Jussufa und Salihu seien Brüder des Ibrahim gewesen.)

Salihus Sohn Buba, mit dem Beinamen Kobotschi, siedelt zu den Falli von Bascheo über. Er schließt sich dem Schëu Bubeiro an und wird von diesem als Statthalter über die Falli eingesetzt. Modibo Adama bestätigt ihn dann. Er bekriegt die damals nördlich des Gutschumi-Gebirges wohnenden Gutschumi-Heiden und treibt sie auf das Gebirge; ebenso vertreibt er die Bamatta, soweit sie sich ihm nicht unterwerfen. Pamschi am Gutschumi-Berge ist die Neusiedlung der Bamatta. Die Kämpfe gegen die Puri verlaufen ziemlich ergebnislos. Gegen sie ziehen später Laual, Sanda und Subeiru noch zu Felde.

G o l o m b e. — Wie erwähnt zieht Ibrahims Sohn Jussufa-

Duroi über Dirbei nach Maesso. Er unterwirft mit Hilfe des Modibo Adama den hier herrschenden Falli-Häuptling; ein Teil der flüchtigen Heiden zieht sich auf das Bori- (Peske-) Gebirge zurück. Er erobert auch angeblich im Jahre 1825 Golombe, dessen Häuptling Mandaeba getötet wird. Die früheren Bewohner ziehen sich in die Mangbei-Berge zurück, soweit sie nicht, wie die Bewohner von Heri und Pomla zum Islam übertreten.

Nach dem in Maesso erfolgten Tode des Jussufa verlegt sein Sohn Tunari, genannt der Ardo Badessi, seinen Wohnsitz nach Badessi, während Tunaris Onkel Yamhura nach Unterwerfung der Niam-Niam von Baschima die Herrschaft Be errichtet und Belal schließlich, ein Verwandter von Adama, mit Gidder belehnt wird. Tunari unterwirft die Falli von Balla; er stirbt dann in Baila. Erst sein Bruder Abdu siedelt 1863 nach Golombe über. Dauernde Kämpfe mit den im Rufe besonderer Wildheit stehenden Heiden von Bipare, gegen die Emir Laual vergebens focht, sind die Folge. Erst die Errichtung der deutschen Herrschaft hat diesen Fehden ein Ende gemacht; Oberleutnant Graf Fugger von Glött mußte die Bipare bestrafen, um Golombe Ruhe zu verschaffen.

Gidder. — Die Hauptstadt der Gidder-Heiden erobert der Modibo Adama auf seinem ersten Zuge gegen Mandara. Der flüchtige Häuptling Mulli Madi wird auf der Flucht nahe bei Sugi getötet; seinem Sohne Mulli eksim glückt die Rettung auf die Libe-Berge. Hier legt er auf steilem Hang das heutige Libe an.

Als Statthalter über Gidder setzt Modibo Adama den Gidder-Großen Kenkelesso ein, der zum Islam übertritt und dann Salissu heißt. Er zeigt sich indes unzuverlässig und wird abgesetzt. Der Fulbe-Falli Bello, Verwandter des Ardo Badessi, wird darauf mit Gidder belehnt; nach seinem Heimatsdorfe nennt er sich Ardo Maesso. Nach 15jähriger, durch dauernde Kämpfe mit den benachbarten Heiden von Libe, Musugeu, Matafall, Lam, Sugi und Bisar beanspruchter Regierungszeit, fällt er in Ungnade und wird durch den Fulbe Hamarua aus Agorma ersetzt. Erst Laual gibt ihm seine Würde zurück, beseitigt ihn aber endgültig, als er im Feldzuge gegen Hina die Heeresfolge verweigert.

Dembo. — Danaedjo, ein Verwandter des Buba Kobotschi läßt sich bei den Bulmi-Heiden nieder, nachdem er zeitweilig bei Bascheo und Timpil geweidet hat. Sein Neffe Malum Sambo wird von Modibo Adama belehnt, wegen Ungehorsam aber wieder abgesetzt. (Ein Heide hatte bei Adama geklagt, daß Malum Sambo ihm sein Weib genommen habe. Er wurde angewiesen in sein Dorf zurückzukehren, wo er sein Weib finden werde. Sambo befolgte indes den Befehl, das Weib fortzusenden nicht, sondern ließ den Heiden aufgreifen und töten.)

Sein Nachfolger wird Sambo bi Danaedjo, der im Feldzug gegen die Hina fällt. Djauro Dudi, gleichfalls ein Sohn des Danaedjo, erbaut das heutige Dembo.

Bibene. — In Walla (Oalla) im südlichen Mandara-Gebirge trennt sich eine Sippe von den ostwärts ziehenden Jillaga und wandert über Maesso nach Süden an den Mao Kebbi. Bei Deo im Lande der Niam-Niam und am Mao Lebri bei den Bangei-Falli weidet sie ihre Herden. Als ihr Führer, der Ardo Manga, auch Ardo Maesso genannt, gestorben ist, zieht sein Sohn Sambo den Mao Bibene aufwärts. Auch diesen Fluß bewohnen noch Niam-Niam; ihr Hauptort ist Bibene. Unter Sambo besteht Freundschaft zwischen den Fulbe und Niam-Niam. Erst sein Bruder Yalige beginnt den Kampf. Bei Pere fällt er gegen die Heiden; nur drei Jahre war er Ardo. Gleiches Los trifft seinen Bruder Haman Seïdo nach langjähriger Führerschaft. Jetzt kommt Modibo Adama den bedrängten Fulbe, dessen Führer Sambos dritter Sohn Ardo Haman Salatu geworden ist, zur Hilfe. Die Dörfer Koma, Pere, Mum-Bui, Bau und Famu werden zerstört und die Niam-Niam unterworfen. Der Ardo zieht dann flußaufwärts und bekämpft die am Mao Laua wohnenden Mundang. Auf Modibo Adamas Zuge gegen die Yanguru stirbt er. Sein Nachfolger ist Haman Yoda, genannt Bakari bi Bakari; er bekriegt die Mangbei-Heiden und zerstört an einem Tage ihre am Mao Kebbi liegenden Dörfer von Katscheo bis Geigei. Gegen Djalume kämpft er dann mit zweifelhaftem Erfolge. Etwa 1850 unternimmt er mit Hilfe des ihm befreundeten Mundang-Häuptlings von Dari einen Zug gegen die Mundang von Lame. Er überrascht die Heiden nach einem nächtlichen Marsche bei einem zu Ehren des jungen Häuptlings Sam Ura gefeierten Tanze, bringt ihnen große Verluste bei und zerstreut sie. Das Dorf Lame erobert er aber nicht. Durch diesen Zug verfeindet er sich nicht nur dauernd mit Lame, sondern auch mit dem diesen befreundeten Rei. Nach 16jähriger Regierungszeit stirbt Bakari, den Barth als Herrn von Ribago erwähnt. Seinen Nachfolger Haman Yabo ermordet ein Empörer, der Niam-Niam Große Goloia, nachdem er ihn nachts durch eine Sklavin aus seinem Gehöft in Baila hat rufen lassen. Die Herrschaft des Goloia dauert indes nur acht Tage. Von den erbitterten Fulbe wird er mit seinem ganzen Anhang in einen Teich getrieben und abgeschlachtet. Nichts ist zu erwähnen von Sabana, dem Bruder des Salatu; zehn Jahre war er Ardo. Sein Nachfolger Ssülemann, Sohn des Bakari wird nach kaum vierjähriger Regierung von seinem Bruder Mansuru verjagt. Er findet Unterstützung beim Emir Sanda von Yola, der den Jerima Ïa mit einem Heere gegen Mansuru sendet. Unerwartet wird der Yola-Prinz bei Adumre angegriffen und völlig geschlagen. Ehe ein neuer Schlag gegen Mansuru geführt werden kann, stirbt der Emir Sanda; sein Bruder Subeiru bestätigt den Mansuru, den er als tatkräftigen Mann schätzt. Der Ardo regiert noch heute.

Rei. — Wir befinden uns in Scholire, der in einer Bucht des „Vogelgebirges" eingebetteten Burg des Ardo Rei. Buba Njidda hat sie errichtet als Schutz- und Trutzfeste gegen den großen Adama. Buba Yamoa, sein Enkel, hat den Platz ausgebaut und zu seinem Lieblingssitz erkoren. Über eine hochragende Terrasse im inneren Hofe wölbt ein alter Baum seine gewaltige Krone. Unter seinem Schatten sitzen der Ardo und ich, während das Gefolge zu Füßen der Stützmauer hockt. Unsere Blicke schweifen über die Mauern der Feste hinweg in die von leichtem Dunste umwobene Ebene des Rei-Flußes. Im Süden, doch in blauer Ferne, türmen sich Berge auf, vorgelagert dem nördlichen Rande des Hochplateaus. Lange haben wir geschwiegen, dann unterbricht der Ardo die Stille:

„Mein Urgroßvater Bondi la Malle hatte sich im Mundang-Lande von den übrigen Jillaga, die dem Modibo Buba gehorchten, getrennt und war nach Lame gezogen. Sein Sohn Ardo Yajo schloß Freundschaft mit dem Häuptling der Mono-Mundang und hielt sich bei dem Dörfchen Liporo auf. Er erhielt dann auch von dem in Doro (Dorong) am Benue herrschenden Oberhäuptling der benachbarten Dama gegen Zahlung von vierzig Rindern die Erlaubnis, im weidenreichen Damalande seine Herden zu treiben. Am Mao Godi war es, da überfielen die Dama von Godi, uneingedenk des Vertrages die weidenden Fulbe, wurden jedoch mit schweren Verlusten an Toten nnd Gefangenen zurückgetrieben. Unter letzteren befand sich auch die Tochter des Häuptlings dieser Dama. Sie ward Beute des Jerima Buba Njidda, der sie zu seinem Weibe machte. Sie ist also meine Großmutter. Ihren Namen? Ich weiß ihn nicht. Zudem welcher Fulbe nennt den Namen seiner Mutter. Er ist ihm heilig. Der Beiname meines Großvaters, Njidda, deutet nicht auf den Namen der Großmutter. Du weißt es: Fulbe-Männer, die viele Kinder verloren haben, geben einem Neugebornen den Beinamen „Njidda". (Das

Wort hängt mit „Njiddere“ zusammen, das hier etwa den Sinn „fortwerfen“ hat. Der Beiname besagt also, „das Kind ist nichts wert, es kann fortgeworfen werden, es lohnt sich also dem Tode nicht, auch dieses Kind fortzuraffen“). In Badjari wurde mein Vater Buba Djirum geboren; dann siedelte Buba Njidda in die Gegend von Doro über, während sein Vater im Mono-Lande blieb. Oberhäuptling der Dama war Gagnei. Nach seinem Tode entstanden Thronstreitigkeiten zwischen seinen beiden Söhnen Sigra und Hulmei. Ersterer wurde von Buba Njidda unterstützt, vermochte die Alleinherrschaft jedoch erst nach dem Tode seines Bruders zu erringen. Inzwischen war die Kunde vom großen Schëu Usmanu zu meinem Vorfahren gedrungen; ebenso hörten sie, daß Modibo Adama nach Sokoto gewandert sei und die Flagge (Tutaual) erhalten habe. Da Yajo zu alt und der Weg nach Sokoto weit war, beauftragte er seinen Sohn, dorthin zu ziehen, und dem Schëu zu huldigen, mit dem ihn noch verwandschaftliche Bande verknüpften. Unterwegs wurde dem Buba Njidda vorgestellt, das Ende Yajos sei nahe, er möge sich bereit halten, die Nachfolge anzutreten. In Gurin wurde daher bereits Halt gemacht. Aus Adamas Händen nahm Buba Njidda die Flagge, das Zeichen der Herrschaft an. Damit hatte er diesen als Herrn anerkannt. Spätere Versuche, Sokoto unmittelbar unterstellt zu werden, mißlangen. Bald nach der Heimkehr Buba Njiddas starb der 100jährige Yajo. Gegen den Sigra von Doro hatte sich inzwischen der Dama-Häuptling von Arei erhoben, eines am Rei-Fluß gelegenen Dorfes. Buba Njidda nahm den Ort ein und baute dann am jenseitigen Ufer des Flußes auf sanftem Hange eine Stadt: Rei. Das eroberte Dorf Arei erhielt den Namen „Nassarau“. Herr des Dama-Landes war jetzt mein Großvater. Er hatte schon eine Tochter des Dama-Häuptlings zum Weibe; eine andere heiratete mein Vater Buba Djirum. In meinen Adern fließt also Dama-Blut. Buba Njidda unterwarf bald die Pani, einen Dui-Stamm, der das Scholire-Gebirge und die am linken Benue-Ufer aufragenden Djapa-Berge bewohnten. Hier lag auch das Dorf des Häuptlings, das gleichfalls Djapa hieß. Die Pani flohen zum großen Teil in das Ssari-Massiv und siedelten sich bei Alhadji-Galibu an. Dorthin flohen auch die nördlich von Djapa wohnenden Gorna-Heiden.

Benue aufwärts rückten dann die Krieger Buba-Njiddas bis etwa an das Gangbugu-Gebirge und bekämpften die den Flußlauf bewohnenden Dui. Ebenso unterwarfen sie die Mbum auf den Bergen und die östlich von ihnen wohnenden Lakka. Auch der Häuptling der Dari-Mundang lernte die Macht der Fulbe kennen. Nur mit Lame bestand weiterhin Freundschaft. So vergrößerte sich ständig das Reich meines Großvaters. An den nördlichen Grenzen von Rei hatten sich kleine Fulbeherrschaften gebildet: Balda, Mao Jarendi, Uro Majo und Mbere. Adama hatte den Ardos Flaggen verliehen. Doch Buba Njidda zerbrach diese und verjagte die Fulbe, sobald sie ihm nicht gehorchen wollten. Hierdurch verschärfte sich der Gegensatz zwischen ihm und dem Modibo Adama, der schon lange bestand. Nur schwer ertrug Rei die Herrschaft Yolas, doch immer hatte man noch Heeresfolge geleistet. Dann berief Adama die Fulbe Adamauas zum Feldzuge gegen die Namschi; Buba Njidda vergaß er absichtlich und kränkte so den stolzen und mächtigen Mann. Unglücklich verlief dieser Feldzug. Nun rückte Buba Njidda allein gegen Namschi vor, unterwarf mehrere Arnados (Häuptlinge) und sandte sie nach Yola. Gefährlich dünkte jetzt dem Emir die Macht Rei's; er berief daher Buba Njidda nach Yola. Dieser folgte dem Rufe. Als er dann heimkehren wollte, erfuhr er, daß ihm Adama nach dem Leben trachte; die Batta, die die Fähre am Faro bedienten, waren angewiesen, auf der Überfahrt das Kanu umzuwerfen, in dem Buba Njidda säße. Kenntlich sei dieser an einer blauen Tobe. Mein Großvater gab nun diese Tobe seinem Bruder Omaru. Ahnungslos trug dieser das Gewand, als er das Boot bestieg. Es schlug um und seine Insassen ertranken. Buba Njidda entkam aber nach Rei und kündigte nun Yola den Gehorsam. (Auch andere Fulbe sprechen von dem Vorfall, glauben aber nicht, daß Adama die Absicht gehabt habe, auf solche Weise seinen Nebenbuhler zu beseitigen.) „Majabata Paro“ sangen damals die Krieger von Rei d. h. „wir überschreiten nicht mehr den Paro“ d. h. „ziehen nicht mehr nach Yola.“ Den Trotz des Vasallen zu brechen, versammelte der Emir die Krieger Adamauas und rückte vor das stark befestigte Rei. Den Bemühungen des Jerima Haliru, Sohn des Adama, gelang es, den Frieden zu vermitteln. Doch wurde das Gebiet nördlich des Mao Schina von Rei getrennt und dem Ardo Bibene übergeben. Die Antwort Buba Njiddas war die Verwüstung dieses Landes und Verjagung der kleinen selbständigen Djauros. Abermals erschien Adama vor Rei. Drei Monate lag er vor der Stadt, dann hob er zeitweilig die Belagerung auf, um Rei bald wieder zu umschließen. Als Hunger sich einstellte, floh Buba Njidda nach Scholire. Rei wurde von Adama besetzt und dann dem ältesten Sohne des Buba Njidda, Jerima Seihu, übergeben. Kaum war aber der Emir abgerückt, so erschien Buba Njidda wieder, und verjagte seinen Sohn. Auf der Flucht wurde dieser getötet. Nun belagerte Adama den

Buba Njidda in Scholire, konnte aber mit dem ganzen Aufgebot Adamauas diesen festen Platz nicht zwingen. Trotzdem kam ein Frieden zustande, da Rei nicht länger gegen Stamm- und Glaubensgenossen fechten wollte. Dem Emir Laual gegenüber verhielt er sich wieder gleichgültig. Weder erschien er zur Huldigung in Yola, noch zahlte er Tribut. Laual forderte dieses auch nicht, sondern war froh, ab und zu Geschenke an Sklaven, Vieh oder Geld annehmen zu können, die Rei freiwillig sandte.

Im 99. Lebensjahre starb Buba Njidda."

Der Erzählung Buba Yamoas möchte ich einige Worte über den Gründer Rei's hinzufügen. Er war wohl, was viel sagen will, der größte Despot unter den damaligen Ardos von Adamaua. Grenzenloser Hochmut, Gewalttätigkeit und Falschheit sollen ihm zu eigen gewesen sein. aber auch Ehrgeiz und unbeugsamer Wille. Bewußt strebte er, in dessen Adern das Blut seiner heidnischen Mutter rollte, sein Reich vom übrigen Adamaua abzuschließen. Daher bevorzugte er bereits stark das Dama-Element und vernachlässigte die Fulbe, deren Charakterveranlagung ihm wohl nicht die genügende Bürgschaft zur Gründung eines in sich gefestigten Staatswesens bot. Folgende Geschichten, die den Charakter dieses Mannes beleuchten, erzählt man sich noch heute in Adamaua:

„Buba Njidda verschrieb sich zum Bau der Burg in Rei einen der besten Baumeister aus den Haussahländern. Nach vollendetem Werke erbat der Haussah den vereinbarten Lohn, um in seine Heimat zurückkehren zu können. Ihm wurde der Bescheid, sich am nächsten Morgen den Sold abzuholen. Als nun später der Baumeister die Torwache durchschritt, wurde er niedergemacht, damit er fortan niemandem mehr zu Diensten sein könne."

„Zwei Spione des Buba Njiddas erforschten in ganz Adamaua die Stimmung der Bevölkerung ihrem Herrn gegenüber. Einer derselben kam in Bundang an einer Schmiede vorbei, in der der Meister glühendes Eisen hämmerte und die Hammerschläge mit dem Gesange begleitete: „Wie ich glühendes Eisen schlage, möchte ich Buba Njidda schlagen, für die Schmach, die er dem Modiba Adama angetan." Buba Njidda berief darauf den Schmied in seine Dienste gegen hohen Lohn. Ahnungslos zog dieser nach Rei. Als er den Platz vor der Burg betrat, fand er Schmiedehandwerk dort und Eisen im Feuer. Die Scharwache ergriff ihn und stieß ihm, der gewagt hatte, den Fürsten von Rei zu schmähen, den glühenden Stab in den Schlund."

Der Nachfolger Buba Njiddas war sein Sohn Buba Djirum. Er wandelt völlig in den Bahnen seines Vaters; Rei bildet ein Reich für sich. Nur äußerlich hängt es noch mit dem übrigen Adamaua zusammen. Ohne Erlaubnis des Ardos vermag niemand mehr Rei-Land zu betreten oder zu verlassen. Wachen sperren jede Straße. Man kann fast sagen, mystisches Dunkel schwebte über Rei, das selbst heute noch nicht völlig gelichtet ist. Buba Djirum dehnte nach Süden seine Macht bis über die Wina durch Unterwerfung des Bellaka Mbere, eines Mbum Fürsten, aus. Durch die dauernden Kriegszüge in das Dui-Land wird das bisher gut bevölkerte Benue-Tal zur Einöde gemacht, zumal auch der Emir Laual Kriegszüge in das Land unternehmen läßt. Einen Teil des von Adama dem Fürsten von Rei genommenen Gebietes nördlich des Schina-Flusses erhält Buba Djirum vom Emir Sanda gegen eine Zahlung von 1000 Sklaven zurück, allerdings erst nach Vermittlung von Sokoto, wohin gleichfalls 1000 Sklaven aus Rei gewandert waren. Der Jerima Ïa, der von Yola zur Festsetzung der strittigen Grenze entsandt ist, erhält für seine Mühen 100 Sklaven.

1894 erleidet die Macht Rei's den ersten Stoß durch die schwere Niederlage, die seine Krieger bei Djirum von v. Uechtritz-Passarge erleiden.

Im hohen Alter (im Jahre 1899) wird Buba Djirum von drei seiner Söhne, die seinen Tod nicht erwarten können, im Schlafgemach erdrosselt. „Keiner von Euch wird eines natürlichen Todes sterben“, ruft der Alte im Ringen mit seinen Mördern. Malum Ssüle reißt die Herrschaft an sich, nachdem er seine Brüder durch Meuchelmörder hat beseitigen lassen. 1902 wird sein Heer vor Rei vom Oberleutnant Radtke geschlagen; der Ardo entflieht. Buba Jamoa, sein jüngerer Bruder, wird Herrscher. Er läßt den Malum Ssüle töten, als dieser sich Rei wieder nähert. So hat sich der Fluch des Vaters erfüllt.

Binder. — Unter Führung eines Modibo Haman waren die angesehensten Sippen der Jillaga durch den Pass von Pepologossum aus dem Mandara-Gebirge getreten und hatten ihre Herden in den wegen ihrer saftigen Weide noch heute bei den Bororo geschätzten Niederungen des Mao Lue und seiner Nebenbäche getrieben. In Rum befand sich Modibo Haman und hier errichtete er den Betplatz. Dieser soll das Mißfallen der Heiden erregt und daher Anlaß zur Vertreibung der Fulbe gegeben haben. Nach Norden zogen die Hirten den Mao Lue aufwärts und gelangten in die weite Bucht von

phot. K. Strümpell.

Abb. 24. Musikbande des Lámido Sadu von Mendiff.

Gasaua oder Gasawa, wie der damals noch heidnische Ort, der Wohnsitz des ältesten Sohnes des Häuptlings von Marba, hieß. Hier traten die Jillaga in Beziehungen zu den Badaua-Fulbe, die schon längere Zeit im Lande der Gisiga weideten. Wegen der Weide scheint es zu Streitigkeiten zwischen den Fulbesippen gekommen zu sein. Denn der Häuptling von Marba griff zu Gunsten der Badaua ein und zwang die Jillaga zur Wanderung. Nur einzelne blieben bei Gasaua zurück, wurden aber auch später verjagt. Modibo Haman war inzwischen gestorben und sein Sohn, der Modibo Buba, an seine Stelle getreten. Nach Osten führte er die Sippe, durchzog das Land der Sumeia, das heutige Mendiff, und lagerte bei Lara im Gebiet der Binder-Heiden. Hier trafen die Jillaga mit Baghirmi-Fulbe (Gara) unter Führung des Ardo Ahi zusammen. Feindseligkeiten des Sultans von Baghirmi hatten diesen Zweig der Fulbe über den Schari und Logone zurückgetrieben. Daß auch der Sultan von Mandara nicht günstig gesinnt war, erfuhren die in Lara vereinigten Fulbe, als sie plötzlich von Mandara-Kriegern angegriffen wurden. Es glückte ihnen jedoch, den Angriff zurückzuweisen. Man sagt: die Streitigkeiten der Jillaga und Badaua hätten den Sultan von Mandara zum Angriff auf die Fulbe veranlaßt. Ardo Ahi versuchte den Modibo Buba zu einem Zuge nach Baghirmi zu überreden. Als ihm dieses nicht glückte, zog er allein dorthin ab. Die Jillaga aber wandten sich nach Süden, durchwanderten das Binder-Land, überschritten den Mao-Kebbi — andere sagen den Tuburi — und zogen im südlichen Mundang-Lande umher. Hier stieß eine Gesandtschaft der nördlichen Binder-Heiden zu ihnen, die zum gemeinsamen Kampfe gegen den Häuptling Gonjue von Binder aufforderte. Modibo Buba wandte sich abermals nach Norden, vereinigte sich mit den Heiden und eroberte 1805 (einige Gewährsleute geben 1812 als Jahr der Eroberung Binder's an) den Hauptort der Binder-Heiden; der Häuptling Gonjue fiel im Kampfe. So war Modibo Buba Herr im Lande. Er unterwarf dann die östlich Binder wohnenden Jassing, einen Mundang-Unterstamm, von den Fulbe der Wildheit wegen „Bana-Büffel" genannt, und entsandte nach Nordosten gegen das Grenzgebiet der Binder und Tuburi den Modibo Yam, der eine Niederlassung in Gidigis errichtete. Ebenso ließ er die Mundang südlich von Binder bekämpfen, eroberte auch Lere und setzte seinen Sohn Adama als Statthalter dort ein. Lere wurde aber bald wieder von den Heiden zurückerobert, ebenso das Mundang-Dorf Lantam, wo ein jüngerer Sohn Buba's Yussufa Statthalter war. Nach Norden zog von Binder aus der Modibo Buba Biroo (wörtlich „der Melker“ d. h. er trank so gerne Milch, daß er selbst die Kühe melkte), eroberte Marba, bekämpfte die Sumeia und wurde später selbständiger Herr von Mendiff.

Als so die Macht Buba's gefestigt war, sandte er eine Gesandtschaft nach Sokoto, um das Emirat über das „Funange“-Land zu erbitten, erfuhr aber eine Abweisung.

Von wenig Erfolg waren die Kriegszüge gegen die östlich von Binder wohnenden Tuburi-Heiden begleitet, die bis in die neueste Zeit ihre Selbständigkeit den Fulbe gegenüber bewahrt hatten. Zwischen den alten Kampfgenossen Buba Biroo, der inzwischen von Modibo Adama mit der Herrschaft Mendiff belehnt worden war, und Buba Binder entstanden schließlich noch ernste Streitigkeiten wegen Bobeuo. Von Binder aus war dieses Heidendorf erobert; seine Bewohner waren zum Teil nach Mendiff geflohen, so daß Buba Biroo plötzlich Bobeuo für sich beanspruchte und den Kaigamma Binder aus dem Dorfe verjagte. Nun kam der Lamido Buba selbst nach Bobeuo. Schon lagen sich die Heere der Herren von Binder und Mendiff kampfbereit gegenüber, als es den Großen noch gelang, die Vermittelung des Modibo Adama herbeizuführen. Bobeuo wurde Binder zugesprochen. Die Mißstimmung zwischen Mendiff und Binder ist seitdem nicht wieder geschwunden, zumal die schlauen Herrn von Mendiff dauernd unter den Binder-Heiden mit Erfolg wühlten. So wurde der in Bobeuo als Verweser eingesetzte Kaigamma von den Heiden getötet und die Besatzung vertrieben. Auch die Herrschaft Binders über Tode, Makasse, Minjel und Gobara war nur eine nominelle.

Etwa 1832 starb Modibo Bubo. — Sein Sohn Jussufa, der zehn Jahre regiert, setzt die Bemühungen fort, die um Binder wohnenden Heiden endgültig zu unterwerfen. Von dem dritten Herrn von Binder, Omaru bi Jussufa, ist nur zu erwähnen, daß er an den Zügen des Emir Laual gegen Lere und Hina teilnimmt, dann aber 1862 abgesetzt wird. In der Verbannung stirbt er in Yola. Sein Nachfolger Omaru II. bi Jerima Adama fällt 1873 im Kampf gegen die Tuburi bei Daua. Unter seinem Bruder Alim, der bis 1899 herrscht, beginnt das Ansehen Binders mehr und mehr zu sinken. Von Osten dringen die Tuburi mit Erfolg vor, im Westen erringen die Jassing fast völlige Unabhängigkeit. Die durch ihr Land nach Binder führenden Straßen sind für Fulbe fast ungangbar. Unter Alims Nachfolger Bakari bi Omaru I. tritt zunächst keine Besserung ein, bis die Residentur Adamaua eingreift.

M e n d i f f. — Modibo Buba Biroo unterwirft nach der Eroberung

phot. K. Strümpell.

Abb. 25. Lámido Halidu von Binder mit seiner Leibwache.

von Márua Sumeia und siedelt schließlich von Binder nach Mendiff über. Hier greifen ihn die Sumeia-Heiden geschlossen an, werden aber nach dreitägigen Kämpfen, in denen ihr Häuptling fällt, endgültig besiegt. Die Unterwerfung des ganzen Sumeia-Landes folgt; auch die in ihm bereits ansässig gewordenen Fulbe-Abteilungen Derram, Keia, Kolara werden Mendiff einverleibt. Von den Ardos leistet der bei Keia wohnende Yoda Widerstand und fällt im Treffen bei Harde lagadje. Buba kämpft gegen die Jassing von Midjiwin, unterwirft sie auch zeitweilig und errichtet bei ihnen eine Niederlassung, die er seinem Sohn Mustapha übergibt. Die Midjiwin vertreiben die Fulbe indes bald wieder und verbrennen ihre Siedlung. Nach Nordosten breitet Buba seine Herrschaft aus, unterwirft die Kadei und Barea und siedelt den Lauan Issa zur Niederhaltung der Heiden bei Gudum-Gudum an. Dem Buba folgt sein Sohn Mustapha in der Herrschaft. Er unterwirft wieder Midjiwin, zwingt die Mutu-rua (Rum) und kämpft gegen die Gauar, die den Fulbe Ahadji vertrieben hatten. Im Nordosten muß er mehrere Male gegen die Musgu zu Felde ziehen. Mit dem Emir Laual kämpft er gegen Hina, gegen welchen Ort er vorher schon allein zu Felde gezogen ist, und gegen die Gidder und Mundang. Im hohen Alter, etwa 1880, tritt Mustapha seinem Sohne Adama die Regierung ab und stirbt gegen Ende der achtziger Jahre des vorigen Jahrhunderts in Mendiff. Gegen Adama erhebt sich sein Bruder Malum Tukur mit Hilfe Hajatus. Bei Kadei findet ein unentschiedenes Gefecht statt, dann wird Pataual von dem Empörer gebrandschatzt und schließlich Mendiff angegriffen. Es gelingt Hajatu in den Ort einzudringen, doch wird er wieder herausgetrieben und in die Flucht geschlagen. Kurz darauf, 1892, stirbt Adama; Sadu, eine der bemerkenswertesten Erscheinungen unter den Großen Adamauas, wird Lámido. Er nimmt seinen Bruder Malum Tukur in Gnaden auf und verbindet sich dann mit seinem bisherigen Gegner Sali von Márua gegen Hajatu. Bei Gingleï vereinigen sich die Streiter von Márua und Mendiff, werden hier aber von ihrem Gegner unversehens angegriffen und geschlagen. Sadu unterstützt den Emir Subeiru zwar in dem Kampfe gegen Hajatu, aber erst nachdem er vergebens versucht hat, den Subeiru von kriegerischen Maßnahmen abzuraten. Als später des Emirs Krieger bei Gárua geschlagen werden, und Subeiru in Kongola bei Márua seine Ardos zum Kampfe gegen Dominik versammelt, begrüßt ihn Sadu, zögert aber mit der Gestellung der Hilfstruppen. Die zahlreichen Kriegszüge des jetzigen Lámidos von Mendiff gegen Heiden zu schildern, würde zu weit führen.

Von den kleineren Herrschaften der Jillaga möchte ich nur zwei kurz erwähnen, Mao Lue und Gasaua:

Mao Lue. — Lauan Bakari, ein Jillaga aus Binder, der infolge Streitigkeiten mit dem Lámido aus seiner Heimatstadt nach Bibene übergesiedelt war, wird etwa 1870 von Emir Laual am Mao Lue angesiedelt, um von hier die Gidder-Heiden von Bizar, Lam und Sugi niederzuhalten. Sugi, wo ein Sohn des Häuptlings Mulli Madi von Gidder wohnte, war bereits vom Modibo Adama niedergeworfen. Gegen Bizar rückte erst Laual. Durch Verrat gelang es ihm, den Ort einzunehmen und den größten Teil der Männer niederzumachen. Gegen die Lam-Heiden rückt, nachdem verschiedene Versuche zur Unterwerfung gescheitert waren, Emir Sanda mit großer Heeresmacht. Einen Monat umschließt er das steile Inselgebirge von Lam, zu dessen Füßen die Dörfer der Heiden liegen, ohne indes großen Schaden anrichten zu können. Ähnlich endet ein zweiter Versuch, den Jerima Ïa von Yola im Auftrage des Sanda ausführt. Diesmal bestand die ganze Beute der Fulbe aus zwei Sklaven. Unterworfen sind die Lam erst von der Residentur Adamaua.

1880 stirbt Bakari, sein Sohn herrscht noch heute.

Gasaua. — In Bula bei Gasaua war der Jillaga Ardo Sambo zurückgeblieben, als die übrigen Sippengenossen ostwärts gezogen waren. Sein Sohn Bakari wird von den Gisiga vertrieben und stirbt in Binder, nachdem ihm hier ein Sohn Haman geboren war. Diesem Haman, fortan genannt „Haman Binder", gelingt es mit Hilfe des Modibo Buba-Binder in Gasaua eine Herrschaft zu errichten. Die heidnische Bevölkerung entweicht nach Kaliau. Haman-Binder dehnt später seine Herrschaft im Muffu-Lande aus.

C. Die Staaten der Badaua und Gara.

Márua. — Die Hauptdaten aus der Geschichte dieser Stadt sind bereits gegeben, so daß hier ein kurzer Rückblick genügt. Unter Führung der Modibo Juguda bi Modibo Dairu, Haman Selbe und Haman Damraka zogen Badaua-Abteilungen von Bornu über Walodje in das Land der Gisiga-Heiden. Südlich der Hauptstadt Marba weideten sie ihre Heerden auf den weiten Niederungen des Tsannaga-Flusses. Ihres Streites mit den Jillaga ist bereits gedacht. Die beiden Haman siedelten sich später bei Massfei und Bilmiti an, während Juguda das Mandara-Gebirge durchwandert, zeitweilig sich bei Madagali aufhält, dann auf der Rückwanderung nach Márua stirbt. Die Teilnahme der Badaua an der Eroberung Máruas durch die

Abb. 26. Fulbe aus Gárua und Márua; rechts der wegen politischer Umtriebe verbannte Wadjiri Bello des verstorbenen Lámido Sali von Márua.

Jillaga von Binder scheint eine geringe gewesen zu sein. Der in Miskin bei Márua ansässige Ardo Buba soll sogar auf Seiten des Gisiga-Häuptlings gefochten und ihn auf seiner Flucht nach Mogassam begleitet haben.

Als erster Herr von Márua wird dann Modibo Haman Selbe genannt; er und sein Nachfolger Kaujera fallen in den Kämpfen gegen die Gisiga. Nun übernimmt Haman Damraka die Herrschaft. Mit Hilfe des Modibo Adama wird Mogassam, der Sitz des früheren Häuptlings von Marba, erobert und dieser nach Mandara vertrieben. Mogassam wird Krongut, das stets dem ältesten Sohn des regierenden Fürsten von Márua zur Nutznießung überwiesen wird. Einige Gewährsmänner behaupten, im Anschluß an die Einnahme von Mogasam habe Modibo Adama zum ersten Male Mandaras Hauptstadt Dolo erobert. Ob sie recht haben, oder die, welche sagen nach der Niederlage Mandaras bei Massfei (1822) und der Niedermetzlung der Gara-Sippe bei Eissah harde sei Dolo zum ersten Male erobert, kann ich nicht entscheiden. Jedenfalls fiel Dolo in die Hände der Fulbe, und der Sultan Bukar Adjama mußte nach Dikoa fliehen. Noch einmal hat Adama dann Dolo eingenommen, sich aber nach dreitägigem Aufenthalt über den Mangabe-Fluß zurückgezogen, den er als Grenze zwischen Márua und Mandara festgesetzt hatte. Etwa 1833 ist Dolo dann abermals von den Fulbe erobert worden und zwar von den vereinigten Kriegern von Márua, Mendiff und Binder. Bei diesem Kampfe fiel Laeta, der einstige Häuptling von Marba, der in Dolo Unterkunft gefunden hatte. Obwohl der Sultan wiederum geflohen war, blieben die Sieger nicht in Dolo, sondern schlugen ihr Lager bei Meme auf.

1876 starb Haman Damraka in hohem Greisenalter; ihm folgte sein Sohn Sali, der bis 1895 regierte. Die Kämpfe mit Mandara, die im einzelnen zu verfolgen, unmöglich ist, hören unter seiner Regierung nicht auf. Etwa 1895 rückt Sultan Bukar mit einem Heere auf Márua, wird aber geschlagen und bis an den Mangabe verfolgt. Bald darauf zerstört er Papada, muß sich vor den anrückenden Fulbe jedoch zurückziehen. Dann glückt ihm aber die Zerstörung von Pete und die Zurücktreibung der Fulbe über den Dukba-Fluß. Auch das südlich dieses Flusses gelegene Malam zerstört er, kann sich hier aber nicht halten. Begünstigt wird Bukars Vorgehen durch die Wirren, die Hajatus Auftreten in Balda hervorgerufen hatten, so daß ein Fortschritt Mandaras zu dieser Zeit nicht zu verkennen ist. Ihm machte bald darauf aber Rabbeh ein Ende. Er sandte nach Zertrümmerung des Bornu-Reiches ein Heer unter seinem Sohne Njebbe und den Führern Babikr und Gadum gegen Dolo, obwohl Sultan Bukar ihm Geschenke als Zeichen seiner Unterwürfigkeit gesandt hatte. Die Stadt wurde überrumpelt und zerstört, Bukar gefangen genommen. Seinem Sohne Omar glückte die Flucht in das Gebirge bei Mora. Mehrere Angriffe der Rabbisten wies er hier zurück. Nach dem Abzuge von Babikr baute er Mora wieder auf. Die Stadt wurde bald darauf aber wieder von Schadap, einem Heerführer Rabbehs zerstört, in diesem Kampfe ward der kühne Omar schwer verwundet.

Dem Sali folgte in Márua sein Sohn Amadu. Zu ihm flieht nach dem Gefecht bei Gárua der geschlagene Subeiru und sammelt hier die Krieger des „Funange." Bei Márua erleidet er eine neue Niederlage. Aus berufener Feder ist schon das Gefecht bei Márua geschildert, das von größter Bedeutung für Adamaua geworden ist. Mit fanatischer Begeisterung haben die 424 „Sikirri" d. h. die „Todgeweihten" hier gefochten; nicht einer ist geflohen, sämtlich sind sie vom Maschinengewehr dahin gemäht. Weniger tollkühn soll die Reiterei gewesen sein. Subeiru wollte selbst eingreifen, als er das Wanken der Reiter bemerkte, wurde aber von seiner Umgebung aufgehalten und dann in der allgemeinen Flucht fortgerissen. Zunächst floh er nach Tsedek, dann über Kolaro-Maudin nach Balassa, da ihm Lámido Sadu Mendiff des Landes verwies. Auch Lámido Sudi, der nach seines Bruders Amadu Flucht von Dominik zum Herrn von Márua gemacht war, verweigerte dem Flüchtigen die Unterstützung. Bei Mikirri wäre Subeiru fast der Expedition des Oberst Pavel in die Hände gefallen; er floh nun über Yamei-Madagali-Moda nach Mugelbu und trat auf das englische Gebiet. Wenigstens verwischt sich hier seine Spur. Bis Mugelbu hatte ihn Amadu von Márua begleitet; über Mubi-Burha kehrte er in das Land zurück, dessen Herrscher jetzt sein Bruder war. In Salak ereilte ihn der Tod durch die von Sudi entsandten Mörder.

Bogo-Balda. — Ardo Udjiri trennt sich in Bilmiti von den Badaua und wandert über Kongola nach Balda. Dort wohnten die den Baghirmi stammverwandten Kuku- und Balda-Heiden. Diese veranlassen den Udjiri nach Süden zu ziehen. In Keia stirbt er. Sein Sohn Omaru siedelt sich wieder in Bogo an. Er gewinnt durch Ehen mit Töchtern des Häuptlings von Bogo, Borei und Balda, großen Einfluß. Trotzdem kommt es bald zu Kämpfen zwischen Heiden und Fulbe, in denen letztere Sieger bleiben. Über den Beginn dieser Streitigkeiten wird erzählt:

Abb. 27. Wanderpriester der Senussi mit seinen, nur mit Fellen bekleideten Schülern.
Aufgegriffen in Márua im Oktober 1909 wegen politischer Umtriebe in Adamaua.

phot. K. Strümpell.

Eines Tages hatten jagende Balda-Heiden aus der Herde des Omaru sieben Rinder getötet und verzehrt. Omaru versammelte am Abend seine Krieger, schlachtete Rinder, um die Leute zu stärken, und überfiel dann die Heiden beim Tanz. Er kehrte jedoch nicht in sein Dorf zurück, sondern zog in die Mandara-Berge, um den Heiden vorzutäuschen, Mandaras hätten den Überfall ausgeführt. Auf Umwegen kehrte er in sein Gehöft zurück. Mehrere Male wiederholten sich derartige Überfälle. Schließlich erkannten die Heiden die Täter, griffen sie an, wurden aber in mehrtägigen Gefechten niedergeworfen.

Omarus Bruder Sambo wird von Modibo Adama als Statthalter eingesetzt. Er beginnt sofort den Vernichtungskampf gegen die Heiden und schont selbst seine nächsten Verwandten nicht. Hierauf erobert er Ginglei, dessen Häuptling Aginglassau getötet wird und zerstört die Musgu-Dörfer Mokadon und Basal und das Balda-Dorf Fadare. Selbst die Wulya und Tuburi bekriegt er. Nach Norden führt er seine Eroberungszüge weit nach Kotoko hinein und rühmt sich hundert Kotoko-Dörfer zerstört zu haben. Selbst vor dem Bornu-Dorfe Ngala erscheint er. So erreicht er, daß das zu Logone gehörige Grenzgebiet ihm Tribut zahlt. Berauscht durch seine Erfolge, lehnt er sich gegen Yola auf, unterwirft sich dann aber dem gegen ihn entsandten Fariku. Im Feldlager von Massagei endet dieser Krieger. Sein Sohn Hammadgare folgt seinen Bahnen in der Bekämpfung der umwohnenden Heiden und Verwüstung des Logone-Landes. Selbst aus Kutelaha treibt er die Herden der Schua fort.

Einen geistlichen Abenteurer, den Modibo Abdulahi, der versucht, ihm die Macht zu entreißen, tötet er, muß dann aber einem Größeren weichen, dem Hajatu. Gastfreie Aufnahme hatte er anfangs ihm gewährt, in der Hoffnung eine Stütze zu finden in seinem Streben, die Selbständigkeit zu erringen. Bald sah er sich getäuscht, durchschaute Hajatu und zwang ihm zum Fortzuge nach Gaba. Dann erlag er aber dem gemeinsamen Angriffe der Verbündeten Hajatu, Bakari-Gaba und Dalil-Pete, nachdem er den Tukur Borei geschlagen hatte. Seinem nach Yola gerichteten Hilferuf ward die Antwort des Emir Sanda: „Hilf dir selbst.“ In Tschapaol starb er. Erst nach dem Abzuge Hajatus aus Balda kommt Hamadgare's Sohn Bakari zur Herrschaft. Er regiert noch heute.

Es bleibt übrig, den kleinen Stamm der Gara zu besprechen. Zwei seiner Sippen sind zu unterscheiden, die eine, die später die Herrschaft Pete errichtete, zog von Bornu nach Mandara, um südlich

Dolo am Dukba-Flusse sich anzusiedeln; die andere zog nach Baghirmi und wanderte dann über den Schari und Logone zurück.

Pete. — Über Dikoa und Walodji ist die Sippe gewandert und hat sich am Dukba angesiedelt. Malam, Pete, Geigei, Yulguff, Yoldeo waren ihre Dörfer. Dem Sultan Mandara unterstellt sie sich, obwohl Márua schon erobert ist, wühlt dann aber gegen ihren Schutzherrn und wird daher bei Eissah harde fast völlig aufgerieben. Der Rest flüchtet nach Maundin. Hier wächst Hursa, Enkel des getöteten Ardo Belal, heran. Er erbaut Malam und Pete, fällt aber bald im Kampfe gegen Mandara. Emir Laual trennt die Herrschaft und gibt Hurso's Enkel Said, der seinen Vater vertrieben hat, Malam, und Pete dem Sambo Yoldeo und dem Buba Yulguff. Said fällt bei einem Einfall in das Mendiff-Land etwa 1880, als er sich des reichen Handelsortes Pataual bemächtigen will. Seinen Sohn Bakari vertreibt dann der Sultan Bukar von Mandara aus Pete. Der Ort wird erst 1902 auf Befehl von Dominik vom Lauan Dalil, dem Bruder des Bakari wieder erbaut. Dalil findet sein Ende im Gefängnis von Márua.

Kalfu (Halfu). — Es ist schon mehrfach erwähnt, daß der Gara-Fulbe Ahi aus Baghirmi vertrieben wurde, in Lara die Jillaga traf, dann aber wieder nach Baghirmi zurückkehrte. Er fiel bald darauf im Kampfe gegen die Baghirmi. Seine Söhne Abdulahi und Alhadji Mumimi siedeln sich bei Keia im Grenzgebiet der Wulja, Musgu und Tuburi an. Als Alhadji in Dinao (Kalfu) stirbt, wird Abdulahi vom Bello von Sokoto mit der Herrschaft belehnt. Ihm, einen der kleinsten Fürsten Adamauas ward also beschieden, was den Größten versagt blieb: Sokoto unterstellt zu werden.

VI. Anmerkungen.

[1]) Schëu Usmanu nennen die Adamaua-Fulbe den Othman dan Fodie.

[2]) Modibo Adama, der Eroberer des heutigen Adamaua, der dem Lande den Namen gab. Modibo ist geistlicher Titel, der den Schriftgelehrten, Malum (ful.) Malam (haus.) nach Aneignung weiterer Kenntnisse der islamitischen Gesetze zusteht.

[3]) Unter den heutigen Bororo unterscheidet man:

a. Die Bororo Wodabe. Aus Bornu sind sie anscheinend zu Beginn des 19. Jahrhunderts gekommen.

b. Die Jafuen. Sie wollen aus Jafun in der Nähe von Birni Kano über die Bautschi- und Muri-Provinz nach Adamaua eingewandert sein.

c. Die Kaeschuen, deren Wohnsitze früher am Mao Dilara lagen (in Bornu); sie sind bereits in ihrer Hauptmasse angesiedelt.

[4]) Südlich Gárua saßen einst Nagumi-Heiden, deren Sprache manche Anklänge an das Bantu aufweist.

[5]) Im allgemeinen scheinen die Fulbe den von ihnen in Besitz genommenen Ortschaften die heidnischen Namen belassen zu haben. So: Márua = Marba, Gasaua = Gasawa, Tscheboa, Bibene, Gárua (Die Annahme, die Benennung der Stadt sei erst durch Haussah erfolgt, ist eine irrige). Mubi = Muwi.

Durch Waffengewalt gewonnene Plätze oder Ortschaften, die auf Siegesfeldern errichtet wurden, nannte man auch häufig Nassarau als Umänderung des Wortes nasiri = gewinnen.

Neuanlagen benannte man sonst meist nach ihrer natürlichen Lage an Hügeln, Gewässern, Wäldern usw. So bedeutet z. B.

Leinde = das Dorf, wo viele Leinde-Bäume stehen.
Boki = das Dorf, wo viele Affenbrotbäume stehen.
Mao Buntadji = Dorf am Fluß der Baumwollbäume.
Mao Jarendi = das Dorf am Sandfluß.
Tongo = Platz auf dem man Überblick hat.
Tsebore = Ort an der Quelle.
Yambuttu = guter Ackerboden usw.

[6]) mi nassiri = etwa ich habe erobert.
Rei ist ein Dama-Wort und bedeutet Sesam. Auf dem Felde, auf dem Rei erbaut wurde, wurde Sesam gezogen.

[7]) Der Ort heißt Ngau-Ndere, zusammengezogen also Ngaundere „gleich Nabelberg" (Ngau=Berg; Ndere=Nabel). Die Schreibweise „Ngaumdere", wie sie auf den Karten immer noch üblich ist, ist also nicht richtig. Genannt wurde der Ort nach dem sich über ihn erhebenden Berge, den ein Stein in Form eines gewaltigen Nabels krönt.

[8]) Als Frauen des Adama werden genannt:

Astajan; sie gebar Laual, Sanda, Ahidjo Usmanu und Mansuru.

Yaseba; Bakari und Hamidu-Were waren ihre Söhne. Ihre Nachkommenschaft wurde von der Thronfolge in Yola durch Adama ausgeschlossen, weil sie ihn, als er nachts liebeheischend Eingang in ihr Haus begehrte, in strömendem Regen stehen ließ und ihm ihr Bett verweigerte.

Yara (Sara), die Mutter von Subeiru, Aliu, Bobo Amadu, Mahaman (gefallen gegen Gereng).

Von Söhnen Adamas von anderen Frauen wird außerdem noch der gegen die Yanguru gefallene Haliru erwähnt.

[9]) Im Feldzuge gegen die Gando-Heiden westlich Ssong verließen auf Verabredung sämtliche Ardos mit Ausnahme von Melabu plötzlich Subeirus Lager, der den Rückmarsch des Emir gegen die anstürmenden Heiden deckte.

[10]) Pataual (Fataual) war von dem Gara-Fulbe Modibo Juguda angelegt; einwandernde Kanuri gaben dem Orte das Gepräge eines blühenden Handelsplatzes. Seine Bedeutung wuchs, als die zunehmende Unsicherheit der Straße Mora-Márua die von Dikoa dem Süden zustrebenden Händler zu einem Umwege über Delehe-Walodje-Pataual zwang. In den Kriegen gegen Hajatu zerfiel dann die Stadt, deren Bewohner wegen allzugroßer Üppigkeit und leichter Sitten berüchtigt geworden waren. Heute hat das Dorf Pataual keinerlei Bedeutung mehr.

FSC
www.fsc.org
MIX
Papier | Fördert
gute Waldnutzung
FSC® C083411

Zeitfracht Medien GmbH
Ferdinand-Jühlke-Straße 7
99095 Erfurt, Deutschland
produktsicherheit@kolibri360.de